U0215444

南昌维管束植物图谱

郑育桃　谢凤俊　李家湘　刘　胜◎著

中国林业出版社
China Forestry Publishing House

图书在版编目（CIP）数据

南昌维管束植物图谱 / 郑育桃等著.-- 北京：
中国林业出版社, 2024. 8. -- ISBN 978-7-5219-
2869-3

Ⅰ. Q949.408-64

中国国家版本馆CIP数据核字第2024FW1463号

策划编辑：李　敏
责任编辑：王美琪
封面设计：北京八度出版服务机构
————————————————

出版发行：中国林业出版社
　　　（100009，北京市西城区刘海胡同 7 号，电话 010-83143575）
电子邮箱：cfphzbs@163.com
网址：https://www.cfph.net
印刷：河北京平诚乾印刷有限公司
版次：2024 年 8 月第 1 版
印次：2024 年 8 月第 1 次
开本：889mm×1194mm　1/16
印张：20
字数：452 千字
定价：210.00 元

《南昌维管束植物图谱》
编委会

主 任： 宋 明

副主任： 杨杰芳 杨雨晨

委 员： 高 璜 龚 春 徐 岩 钟玉兰 谢明华 曾卫东 刘 春
裘 鹏

主 编： 郑育桃 谢凤俊 李家湘 刘 胜

副主编： 王文韬 唐忠炳 赵 攀 桂丽静 杨家林 汪凌峰

编 委：（按姓氏笔画排序）

丁晓东 马莉燕 王 帆 王阅兵 文 野 邓 坤 邓绍勇

邓树波 石磊桥 卢开晶 付 锦 冯贵祥 伍艳芳 任 琼

刘玉芳 刘江华 刘金喜 刘勇刚 孙志勇 李 田 李 欣

李飞扬 杨 芸 吴剑儒 邱凤英 何 叶 何 梅 何素琳

余忠彪 张 群 张天海 张贵志 张继红 张锦凯 陈思雨

陈俊松 武元帅 林 鑫 罗坤水 季春峰 贺义昌 涂传平

黄彩霞 龚考文 盛 陈 盛亚晶 符 潮 曾 艳 曾文昌

温兆捷 廖永坤 缪泸君 戴玉霞

南昌市为毗邻长江三角洲、珠江三角洲和闽南金三角的省会中心城市，是连接长江三角洲、珠江三角洲、海峡西岸经济区三大重要经济圈的省际交通廊道。全境山、丘、岗、平原相间，水网密布，湖泊众多。王勃在《滕王阁序》概括其地势为"襟三江而带五湖"。该区域属于亚热带湿润季风气候，湿润温和，日照充足。复杂的地形地势类型和优越的气候条件孕育了极其丰富的生物资源。

南昌市林业局基于对生物多样性的重视、保护、关切和发展，着力组织本市林业科技人员并邀请江西省林业科学院、中南林业科技大学、中国科学院庐山植物园等大专院校、科研院所相关专家集中开展全市区域范围的植物多样性调查和研究，历时3年多，对南昌市全域植物种类、分布、性状开展调查、访谈、摄影、整理等项工作，编著成《南昌维管束植物编目》和《南昌维管束植物图谱》，是一项有意义的工作，其成果可为区域植物多样性调查和研究提供借鉴。

在这部著作出版之际，我们要深刻缅怀祖籍南昌市新建区的我国植物分类学奠基人胡先骕先生，他早年留学美国专攻生物学，回国后致力于植物学研究和教学，胡先生是我国进行植物科考的先驱，是在江西境内进行植物科考的第一人，毛主席称赞胡先骕："他是中国生物学界的老祖宗"。他的一生为生物学科在我国的研究和发展指出了应遵循的道路。他始终认为研究植物学要到大自然中去，要到社会实践中去，不能只是关在屋子里，待在实验室里，那样是不可能取得多大成就的，并亲自坚持一辈子;生物研究还应该进行科普工作，他首先在研究所下设陈列馆，展陈大量采集的动植物标本以供参观，继又增设推广部，旨在向社会公众普及生物学知识，推广生物学成果;他与郑万钧共同命名的世界珍奇"活化石"水杉，更是震惊中外，堪称二十世纪科学的重大发现;早在1934年，他和秦仁昌先生、陈封怀先生创建了我国唯一的亚高山植物园——庐山森林植物园，是我国第一个以科学研究为目的的大型正规植物园;胡先骕还主张大学的植物学科必须以采集植物为己任，并同时进行植物采集的相关工作等。值得称颂的是这部著作的调查和编著过程传承和发扬了胡先生的科学家精神和科学方法。

植物多样性是生物多样性、生态系统多样性、景观多样性、遗传多样性的重要基础，

也是与人们生活、生产关系最为密切的一个生物系统。因此，认识和研究、保存和保护、培育和利用植物资源是我们任何时候都不能低估和放松的理念和工作。

这部著作的现实意义在于为植物、生态、园林、医药、农林育种等领域工作者提供了学习和从业的参考，也是植物学、生态学的教学参考和科普读物，可以作为开展自然教育的教本和读物。此外，它全面反映了南昌区域现阶段的植物种群存在和保护发展策略，又具有重要的存史价值，为后人提供了传承资源和发展的依据。

几位主编和参与调查、摄影、整理、编辑工作的是一大批青年科技工作者。他们本着担当和责任，不辞辛劳，跋山涉水，踏遍全区域的山山水水。翔实、细致、严谨地调查和描述区域内的植物性状，并进行了系统的归类。这个过程也是青年学者培养科学精神，增强实践能力，提高专业素养的有效途径和难得机会。全书的素材采用"网络+线路+样方+样点"的方法获取，共完成了全市3县6区共366个工作网格的调查，包括349条线路，403个样方1147个植物样点的调查。共采集植物标本3584份，拍摄植物照片13000余幅，发现江西省植物新记录19种，正确的调查方法和大量的调查数据，提供了坚实的编著基础，因此能真实、全面地反映南昌市的植物区系现状。

这部著作内容丰富翔实，编目详尽通俗，图片清晰明了，图文相称互映，增强了可读性和直观性，不同的读者群都可以从中得到教益，可供更多读者阅读和使用。应本书主编所邀，在拜读了初稿后，欣然作序，并推荐给读者们。

国家级教学名师　江西农业大学原副校长

博士生导师　江西省林学会首席专家

2024年7月

前 言

生物多样性，地球生命历经数十亿年演化的结晶，是维系人类生存和发展的根基。保护这一自然遗产，实现资源的可持续利用，已成为全球共识，亦是当今生物多样性科学研究的核心议题。生物多样性的丰富程度，是衡量一个地区生态文明水平和可持续发展能力的显著标志。

作为江西省的省会，南昌市坐落于赣江与抚河的交汇处，鄱阳湖之滨，是长江中下游地区的重要生态屏障。这里地势起伏，从西北的低山丘陵到东南的平原，形成了独特的层状地貌。南昌市，江南红壤的典型代表，孕育了农林业复合生态系统，不仅拥有世界著名的鄱阳湖湿地，也是国际湿地名城，为植物的繁衍和种群分化提供了理想的栖息地。然而，面对植物种类的多样性和保护工作的复杂性，野生植物的保护工作仍面临如物种资料的稀缺、识别难度大、保护管理的复杂性等诸多挑战。

在江西省林业局野生动植物保护中心的指导下，南昌市野生动植物保护中心委托江西省林业科学院和中南林业科技大学，组建了专家团队，于2022—2023年对南昌市的维管束植物进行了全面调查和采集，精选出形态各异、具有代表性的植物，编撰成《南昌维管束植物图谱》，以图文并茂的方式，展现南昌植物的独特魅力和科学价值。

本书以南昌市的自然地貌为依据，分为"山地丘陵篇""低丘岗地篇"和"平原河湖篇"三部分，收录了350种具有代表性的植物。各篇内物种按中文名音序排列，简要介绍了物种的系统分类、识别要点、产地分布和价值评述，体现了研究的科学性、实用性和普及性，有助于读者更准确地识别和了解这些植物。我们期望这本图谱能为南昌市及周边地区的植物保护工作提供坚实的科学支持和参考。

我们衷心感谢所有参与本图谱编撰的机构和个人，你们的专业知识和不懈努力是本书

完成的关键。同时，我们也期待读者的反馈，您的宝贵意见和建议将帮助我们不断改进和完善这部作品。

《南昌维管束植物图谱》不仅展现了南昌市植物的独特魅力，更是野生植物保护工作的重要参考工具。再次感谢您对本书的关注和支持，让我们共同走进自然，深入了解并珍惜我们身边的每一片绿色。

著　者

2024年夏

目 录

低丘岗地篇

平原河湖篇

山地丘陵篇

白檀 *Symplocos paniculata* (Thunb.) Miq.　　　　　　　　　　　　山矾科 Symplocaceae

识别要点　落叶灌木或小乔木；高5～10m。嫩枝有灰白色柔毛，老枝无毛。叶膜质或薄纸质，阔倒卵形、椭圆状倒卵形或卵形，先端急尖或渐尖，基部阔楔形或近圆形，边缘有细锯齿，叶背有柔毛或仅脉上有柔毛；中脉凹下，侧脉每边4～8条，在叶面平坦或微凸起。圆锥花序长5～8cm，有柔毛；萼筒褐色，裂片半圆形或卵形，淡黄色，边缘有毛；花冠白色，5深裂，几达基部；雄蕊40～60枚，子房2室。核果熟时蓝色，卵状球形，稍偏。花期5月，果期10月。

产地分布　分布于辽宁、江苏、浙江、安徽、福建、山东、河南、湖北、湖南、广东、广西、重庆、四川、贵州、云南、西藏、陕西、甘肃、台湾等地。南昌市各县区均有分布。

价值评述　材质细密，可供细木工用，也可制作白檀香；种子含油量在30%左右，为优良食用油，亦为生物柴油的原料，也供炼制油漆、肥皂。树形优美，白花蓝果，可用于城乡绿化。

斑叶兰 *Goodyera schlechtendaliana* Rchb. F.　　　　　　　　　兰科Orchidaceae

识别要点　多年生草本；高达35cm。根状茎匍匐具节。茎绿色直立，具4~6片叶，叶片卵形或卵状披针形，上面绿色，具白色不规则的点状斑纹；叶柄长4~10mm，基部扩大成抱茎的鞘。花茎高10~28cm，被长柔毛，具3~5枚鞘状苞片；总状花序疏生几朵至20余朵近偏向一侧的花；苞片披针形，背面被柔毛；子房被长柔毛；花白色或带粉红色，萼片背面被柔毛，萼片卵状披针形，长8~10mm，顶端钝；两侧花瓣宽倒披针形，唇瓣基部内陷成半圆形囊状，里面有毛；蕊柱短，长3mm。蒴果倒卵状椭圆形。花期9~10月。

产地分布　分布于山西、陕西、甘肃、江苏、安徽、浙江、江西、福建、台湾、河南、湖北、湖南、广东、海南、广西、四川、贵州、云南、西藏等地。南昌市产于安义、新建等县区。

价值评述　全株入药，具有补肾益气、活血化瘀、解毒消肿等功效；植株小巧，花朵玲珑，颜色淡雅，具有较高的观赏价值。资源稀少，列入《世界自然保护联盟濒危物种红色名录》近危（NT）种，亦被列入《濒危野生动植物种国际贸易公约》（CITES）附录Ⅱ；作为世界上最小的种子载入吉尼斯纪录。

枹栎 *Quercus serrata* Murray

壳斗科 Fagaceae

识别要点 落叶乔木；高达25m。树皮灰褐色，深纵裂。幼枝被柔毛，不久即脱落。冬芽棕色，芽鳞多数，几无毛。叶薄革质，倒卵形或倒卵状椭圆形，长7～17cm，宽3～9cm，顶端渐尖或急尖，基部楔形或近圆形，叶缘有腺状锯齿，幼时被伏贴单毛，老时被平伏单毛或无毛，侧脉7～12；叶柄长1～3cm，无毛。壳斗杯状，径1～1.2cm，高5～8mm；小苞片长三角形，贴生，边缘具柔毛。坚果卵形至卵圆形，径0.8～1.2cm，长1.7～2cm，果脐平坦。花期3～4月，果期9～10月。

产地分布 分布于辽宁、山西、陕西、甘肃、山东、江苏、安徽、河南、湖北、湖南、广东、广西、四川、贵州、云南等地。南昌市产于安义、新建、青山湖、进贤等县区。

价值评述 优良硬木树种；种子富含淀粉，可供酿酒或饮料；树皮可提取栲胶；叶可饲养柞蚕。南昌市内罕见大树，可在森林经营和管理中予以重视。

薄叶润楠 *Machilus leptophylla* Hand.-Mazz.　　　　　　　　樟科 Lauraceae

识别要点　常绿乔木；高达28m。树皮灰褐色。冬芽大，近球形，芽鳞密被绢毛。叶倒卵状长圆形或倒披针形，先端短渐尖，基部楔形，长14～32cm，宽3.5～8cm；叶面深绿色，叶背带灰白色；侧脉14～24对，中脉在上面凹下；叶柄长1～3cm。圆锥花序6～10个生于新枝基部，被灰色柔毛；花被片长圆状椭圆形，被粉质柔毛，内面疏被柔毛或无毛；花丝基部被毛，第3轮基部腺体大，具柄。果球形，径约1cm；果柄长0.5～1cm；宿存花被裂片反曲。花、果期4～6月。

产地分布　分布于福建、浙江、江苏、湖南、广东、广西、贵州等地。南昌市产于安义县。

价值评述　可提炼胶质、褐色染料和单宁；珍贵优良的用材树种，木材可供家具、细木工、胶合板用；叶可提取精油，具独特的药用价值。树形优美，可作乡村绿化树种。

薄叶山矾 *Symplocos anomala* Brand　　　　　　　　　山矾科Symplocaceae

识别要点　常绿灌木或小乔木；高达8m。顶芽、嫩枝被褐色柔毛。叶薄革质，狭椭圆形、椭圆形或卵形，长5～11cm，先端渐尖，基部楔形，全缘或具锐锯齿；叶脉凸起，侧脉7～10对；叶柄4～8mm。总状花序腋生，有时基部1～3分枝，被柔毛；花萼被微柔毛，5裂，裂片半圆形，与萼筒等长；花冠白色，有桂花香，5深裂；雄蕊约30枚，花丝基部稍合生；子房3室。核果褐色，长圆形，长7～10mm，被短柔毛，具明显纵棱，顶端宿萼裂片直立或向内弯。花期7～9月，果期翌年5月。

产地分布　分布于江苏、浙江、安徽、福建、湖北、湖南、广东、广西、海南、重庆、四川、贵州、云南、台湾、西藏等地。南昌市产于安义、新建、进贤等县区。

价值评述　种子油可作润滑油；木材坚硬，可制家具或农具。树形美观，花香甜，可作园林绿化植物。

薄叶新耳草 *Neanotis hirsuta* (L. f.) Lewis 茜草科 Rubiaceae

识别要点 一年生草本。茎下部常生不定根；茎柔弱，具纵棱。叶卵形或椭圆形，长 2～4cm，宽 1～1.5cm，顶端短尖，基部下延至叶柄，两面被毛或近无毛；叶柄长 4～5mm；托叶膜质，基部合生，顶部分裂成刺毛状。花序腋生或顶生，有花 1 至数朵，常聚集呈头状，具长 5～10mm 不分枝的总花梗；花白色或浅紫色，花梗极短；萼筒管状，萼檐裂片线状披针形，顶端外反；花冠漏斗形，裂片阔披针形，先端短尖；花柱略伸出，柱头 2 浅裂。蒴果扁球形，径 2～2.5mm，顶部平，宿存萼檐裂片长约 1.2mm；种子微小，平凸，有小窝孔。花、果期 7～10 月。

产地分布 分布于云南、广东、广西、贵州、湖南、江苏、浙江、江西等地。南昌市产于安义、新建等县区。

价值评述 全株可药用，具消肿止痛等功效。

杯盖阴石蕨 *Davallia griffithiana* Hook.

识别要点 附生草本；高达40cm。根状茎长，横走，密被线状披针形鳞片，基部盾状着生，黄棕色或棕色，老时浅灰色。叶疏生，柄浅棕色，上面有光滑浅纵沟；叶片三角状卵形，自基部、中部至顶部分别为四回、三回和二回羽裂；羽片10~15对，基部1对近对生，长三角形，基部不对称；一回小羽片约10对，羽轴上侧的略短，基部一片与羽轴平行或覆盖羽轴，椭圆形或长卵形，二回羽裂；二回小羽片5~7对，上侧有时略短，椭圆形，基部为不对称楔形，下延，深羽裂；裂片全缘。孢子囊群生于裂片上侧小脉顶端，每裂片1~3枚；囊群盖宽杯形，高略大于宽，两侧边大部着生叶面，棕色，有光泽。

产地分布 分布于台湾、云南等地。南昌市产于安义、新建等县区。

价值评述 全株入药，具活血、止血、续筋、利湿、清热等功效。叶形飘逸，株形紧凑，根状茎密被白毛，形似狼尾，极具观赏价值。

草珊瑚 *Sarcandra glabra* (Thunb.) Nakai　　　　　　　　金粟兰科 Chloranthaceae

识别要点　常绿灌木；高达1.2m。茎、枝节膨大，绿色。单叶对生，椭圆形至卵状披针形，长6～17cm，宽2～6cm，边缘有粗腺齿；托叶钻形；叶柄长0.5～1.5cm，基部合生成鞘状。穗状圆锥花序顶生，连总花梗长1.5～4cm；苞片三角形；花两性，黄绿色，雄蕊棒状，生于药隔上部两侧。核果球形，直径3～4mm，熟时亮红色。花期6月，果期8～10月。

产地分布　分布于安徽、浙江、江西、福建、台湾、广东、广西、湖南、四川、贵州、云南等地。南昌市产于安义、新建等县区。

价值评述　全株药用，具清热解毒、祛风活血、消肿止痛等功效。其性耐阴，四季常绿，红果经冬不落，可作室内观赏花木。

茶荚蒾 *Viburnum setigerum* Hance　　　　　　　　**五福花科 Adoxaceae**

识别要点　落叶灌木；高达4m。芽及叶干后为黑色、黑褐色或灰黑色；当年枝有棱角，无毛。叶纸质，卵状长圆形或卵状披针形，长7～15cm，疏生尖锯齿，上面中脉被长纤毛，后无毛，下面叶脉被浅黄色贴生长纤毛，基部两侧有少数腺体；侧脉6～8对，直伸近平行，至齿端，上面略凹陷。复伞形式聚伞花序无毛或稍被长伏毛，有极小红褐色腺点，弯垂；总花梗长1～3.5cm，第1级辐射枝通常5条；花生于第3级辐射枝；萼齿卵形；花冠辐状，无毛，裂片卵形；雄蕊与花冠几等长。果熟时红色，卵圆形，长0.9～1.1cm；核卵圆形，凹凸不平。花期4～5月，果期9～10月。

产地分布　分布于江苏、安徽、浙江、江西、福建、台湾、广东、广西、湖南、贵州、云南、四川、湖北、陕西等地。南昌市产于安义、新建、进贤等县区。

价值评述　根、嫩枝、叶可入药，具清热利湿、活血、健脾等功效。团花秀丽，果实殷红灿烂，有较高的观赏价值。

檫木 *Sassafras tzumu* (Hemsl.) Hemsl. 樟科 Lauraceae

识别要点 落叶乔木；高达35m，胸径达2.5m。树皮呈不规则纵裂。枝条粗壮，多少棱角。顶芽大，外面密被黄色绢毛。叶互生，聚生枝顶，基部楔形，先端渐尖，全缘或2～3浅裂，羽状脉或离基三出脉。总状花序顶生，先叶开放，长4～5cm，花序轴密被棕褐色柔毛；花黄色，杂性异株。雄花：花被筒极短，花被裂片6枚，披针形，近相等；能育雄蕊9枚，3轮排列，花丝扁平，被柔毛；雌花：退化雄蕊12枚，4轮排列，体态上类似雄花的雄蕊，子房卵珠形，柱头盘状。果近球形，直径达8mm，成熟时蓝黑色而带有白蜡粉；果托浅杯状，果梗棒状，均呈红色。花期3～4月，果期5～9月。

产地分布 分布于浙江、江苏、安徽、江西、福建、广东、广西、湖南、湖北、四川、贵州、云南等地。南昌市产于安义、新建、南昌、进贤等县区。

价值评述 早春黄色繁花似锦，秋叶鲜红壮美，是优良的风景树种。木材浅黄色，坚硬耐用、材质优良，为家具、雕刻的上等木材。叶、根和树皮入药，具活血散瘀、祛风除湿等功效。根、叶和果油主要成分为黄樟油素，可制造油漆。

长柄石杉 *Huperzia javanica* (Sw.) Fraser–Jenk. 石松科 Lycopodiaceae

识别要点 多年生草本；高10~30cm。茎直立，单一或数回二叉分枝。不育叶疏生，平伸，螺旋状排列，阔椭圆形至倒披针形，基部明显变窄，长10~25mm，宽2~6mm，叶柄长1~5mm。孢子叶与营养叶等大同形，平伸或稍反卷；孢子囊肾形，淡黄色，腋生，横裂。

产地分布 分布于西南、华南、华中和华东地区。南昌市产于新建区。

价值评述 全草可入药，具散瘀止血、消肿止痛、清热解毒、除湿等功效，但有小毒，慎用。现为国家二级重点保护野生植物，因药用仅靠采集野生植株，资源趋于枯竭。南昌市内罕见，应加强保护。

长江溲疏 *Deutzia schneideriana* Rehd. 绣球科 Hydrangeaceae

识别要点 落叶灌木；高达2m。叶、枝和果实均被星状毛。老枝无毛，灰褐色，表皮薄片状脱落；花枝具4~6枚叶，紫褐色。叶纸质，卵形，先端急尖或急渐尖，基部圆形或阔楔形，边缘具细锯齿，叶背灰白色，叶脉具中央长辐线，侧脉4~6对。聚伞状圆锥花序生枝顶；花蕾长圆形；萼筒浅杯状，裂片三角形；花瓣白色，长圆形，先端急尖，基部渐狭，花蕾时内向镊合状排列；花药具短柄；花柱3个，较雄蕊稍长。蒴果半球形，熟时灰黑色。花期5~6月，果期8~10月。

产地分布 分布于江苏、安徽、江西、湖北和湖南等地。南昌市产于青云谱、青山湖、进贤等县区。

价值评述 花朵繁茂，开于初夏，可作园林观赏植物。

常山 *Dichroa febrifuga* Lour.

绣球科 Hydrangeaceae

识别要点 落叶灌木；高达2m。小枝圆柱状或稍具4棱，无毛或被稀疏短柔毛。叶形状变异大，常椭圆形、倒卵形、椭圆状长圆形或披针形，长6～25cm，宽2～10cm，基部楔形，先端渐尖，边缘具锯齿，侧脉每边8～10条，网脉稀疏；叶柄长1.5～5cm。伞房状圆锥花序顶生，偶生叶腋，直径3～20cm，花蓝色或白色；花萼倒圆锥形，4～6裂；裂片阔三角形；花瓣长圆状椭圆形，稍肉质；子房3/4下位。浆果直径3～7mm，蓝色。花期2～4月，果期5～8月。

产地分布 分布于陕西、甘肃、江苏、安徽、浙江、江西、福建、台湾、湖北、湖南、广东、广西、四川、贵州、云南和西藏等地。南昌市产于安义、新建等县区。

价值评述 常山喜阴，蓝果奇特，可作观赏植物，植于林下或室内盆栽。根入药，具涌吐痰涎、截疟等功效。

川鄂连蕊茶 *Camellia rosthorniana* Handel–Mazz. 　　山茶科 Theaceae

识别要点　常绿灌木或小乔木；高达4m。幼枝被柔毛。叶薄革质，椭圆形或卵状长圆形，表面光亮，长2.5～4.2cm，宽0.9～1.8cm，基部楔形或阔楔形，先端长渐尖或尾尖，上面中脉疏被毛，下面无毛，侧脉6对，密生细尖锯齿。花白色，有的略带粉色；花梗长3～4mm；苞片3～4枚，散生花梗上，卵形或圆形；萼片5枚，卵形，长3mm，无毛；花瓣5～7片，外层圆形，内层倒卵形，先端圆或凹缺；雄蕊长1cm；子房无毛，花柱长0.9～1.3cm，顶3浅裂。蒴果球形，径1cm，苞片及萼片宿存。花期2～4月，果期10月。

产地分布　分布于湖北、湖南、广西、四川等地。南昌市产于新建区。

价值评述　株形美观，叶色亮绿，花朵密集，清香宜人，观赏价值高，可作香花型山茶种类开发。

春兰 *Cymbidium goeringii* (Rchb. f.) Rchb. F.　　　　　兰科Orchidaceae

识别要点 多年生草本；高达40cm。假鳞茎长1～2.5cm，宽1～1.5cm，包藏于叶基之内。叶4～7枚，呈带状，长20～40cm，宽5～9mm，下部对折呈"V"字形。花莛直立，自假鳞茎基部外侧叶腋中抽出，长3～20cm，明显短于叶；单花，稀2朵成序，绿色或淡褐黄色，有紫褐色脉纹，幽香；萼片近长圆形或长圆状倒卵形；花瓣倒卵状椭圆形或长圆状卵形，长1.7～3cm；唇瓣近卵形，微3裂，侧裂片直立，具小乳突，内侧近褶片有肥厚皱褶状物，中裂片有乳突，边缘略波状，唇盘2褶片上部内倾靠合，多少形成短管状；蕊柱长1.2～1.8cm；花粉团4个，成2对。

蒴果狭椭圆形，长6～8cm，宽2～3cm。花期1～3月，果期5～6月。

产地分布 分布于陕西、甘肃、江苏、安徽、浙江、江西、福建、台湾、河南、湖北、湖南、广东、广西、四川、贵州、云南等地。南昌市产于安义、新建等县区。

价值评述 国兰的主要代表种，传统名花；全草可入药，具清热解毒、凉血祛瘀等功效。列入《世界自然保护联盟濒危物种红色名录》易危（VU）种；国家二级重点保护野生植物。南昌市野生春兰被过度采挖，现较为罕见，应加大保护力度。

刺齿半边旗 *Pteris dispar* Kze.

识别要点 多年生草本；高达90cm。根茎斜生，被黑褐色鳞片。叶簇生，近二型；叶柄长15～50cm，连同叶轴均呈栗色；叶片卵状长圆形，长16～40cm，二回深羽裂或二回半深羽裂；顶生羽片披针形，长12～18cm，基部圆形，篦齿状深羽裂，几达叶轴；裂片宽披针形或线状披针形，不育叶缘有长尖刺齿；侧生羽片尾状渐尖，两侧或下侧深羽裂几达羽轴，裂片与顶生羽片同形同大，羽轴上面有纵沟；侧脉明显，二叉，小脉达锯齿软骨质刺尖。孢子囊群线形，沿裂片边缘延伸，裂片先端不育；囊群盖线形，灰棕色，膜质，全缘，宿存。

产地分布 分布于江苏、安徽、浙江、江西、福建、台湾、广东、广西、湖南、贵州、四川等地。南昌市产于新建区。

价值评述 全草入药，具清热利湿、解毒消肿、凉血止血等功效。其叶秀美、挺拔坚韧，具较高的观赏价值。

刺楸 *Kalopanax septemlobus* (Thunb.) Koidz.　　　　　　　　五加科 Araliaceae

识别要点　落叶乔木；高达30m，胸径达1m。树皮纵裂，树干及枝上具鼓钉状扁刺。幼枝绿色被白粉。单叶，在长枝上互生，在短枝上簇生，近圆形，径9～25cm，3～7掌状浅裂，裂片基部心形或圆，先端渐尖，具细齿；叶柄长8～50cm，无托叶。花两性；伞形花序组成伞房状圆锥花序；花梗长约5mm，疏被柔毛；花白或淡黄色；萼筒具5齿；花瓣5片，镊合状排列；雄蕊5枚，花丝长3～4mm；子房2室，花柱2个，连成柱状，顶端离生。果近球形，径约4mm，蓝黑色。种子扁平。花期7～8月，果期9～10月。

产地分布　分布于河北、山西、辽宁、上海、浙江、安徽、山东、河南、湖北、湖南、广东、广西、重庆、四川、贵州、云南、陕西、甘肃等地。南昌市产于安义县。

价值评述　根皮、茎皮、花、叶、刺均可入药，具清热解毒、消炎祛痰、镇痛等功效。木质坚硬、材质细腻、纹理美观，为优良用材树种，2017年列入《中国主要栽培珍贵树种参考名录》。树干耸直，叶大枝疏，为优良观赏树种；亦可用作防火树种。

粗毛耳草 *Hedyotis mellii* Tutch.　　　　　　茜草科 Rubiaceae

识别要点　多年生草本；高 30～90cm。茎和枝近方柱形，幼时被毛，老时光滑。叶对生，纸质，卵状披针形，长 5～9cm，先端渐尖，基部楔形，两面粗糙或被柔毛，侧脉 3～4 对，明显；叶柄长 3～5mm，托叶阔三角形，被毛，顶端锥尖或 3 裂。聚伞圆锥花序顶生或腋生，密被毛，多花，稠密；苞片窄，被硬毛。花 4 数，被毛，具梗；萼筒陀螺状，萼裂片卵形，长 1.5～2mm；花冠白色或淡紫色，长 6～7mm，冠筒短，里面被绒毛，花冠裂片披针形，开放后外反；雄蕊生于冠筒中部以下。蒴果椭圆形，疏被毛，长约 3mm，成熟时裂为 2 果片。种子黑色，具棱。花期 6～7 月。

产地分布　分布于广东、广西、福建、江西、湖南等地。南昌市产于安义、新建、进贤、南昌等县区。

价值评述　全草可入药，具清热解毒、消食化积、消肿、止血等功效。

大卵叶虎刺 *Damnacanthus major* Sieb. et Zucc. 木通科 Lardizabalaceae

识别要点 常绿灌木；高达2m。根肉质。枝条细，灰白色，分枝多，嫩枝密被短粗毛。叶对生，长达0.6cm，宽达0.4cm；宽卵形至椭圆状卵形，上面无毛，下面脉处有疏短毛，顶端急尖或锐尖，基部钝或圆，全缘；叶柄被短粗毛；托叶生叶柄间，初时2～4裂，后合生成三角形，托叶腋具针刺，长0.2～1cm。花1～2朵生于叶腋，具短梗；花萼钟状，顶部具萼齿4枚，三角形；花冠白色，管状漏斗形，喉部密被毛；雄蕊4枚，内藏；雌蕊1枚，子房4室，花柱外露，顶部4裂。核果球形，熟时红色。花期4～5月，果期11～12月。

产地分布 分布于浙江、广西、广东、福建等地。南昌市产于安义、新建等县区。

价值评述 红果艳丽，经久不落，绿叶含珠，晶莹可爱，极具观赏价值，可作盆景或庭院观赏植物栽培。全株可入药，具补气血、祛风利湿、活血消肿等功效。

大武金腰 *Chrysosplenium hebetatum* Ohwi 虎耳草科 Saxifragaceae

识别要点 多年生草本；高达10cm。根状茎较长，不育枝出自叶腋，被长柔毛。茎生叶对生，4～6枚，叶柄长2～4mm，被长柔毛；阔卵形至扇状卵形，边缘具4～8个圆齿，基部宽楔形，腹面与叶柄具长柔毛。聚伞花序具少花，苞叶小；花绿色；萼片在花期直立，阔卵形至近圆形；雄蕊8枚，花丝长约1mm。蒴果2果瓣近直伸，喙长0.5～0.8mm。种子深褐色，近椭球形，光滑无毛，具波状横纹。花、果期4～5月。

产地分布 分布于福建、浙江、江苏、湖南、广东、广西、贵州等地。南昌市产于安义县。

价值评述 全株入药，具清热解毒、收敛生肌等功效。

大血藤 *Sargentodoxa cuneata* (Oliv.) Rehd. et Wils.　　　　木通科Lardizabalaceae

识别要点　落叶木质藤本；长达10m。藤径粗达9cm，全株无毛。当年枝条暗红色。老树皮有时纵裂。叶互生，三出复叶，具长柄；中央小叶片菱状倒卵形至椭圆形，小叶柄短；两侧小叶较大，斜卵形，无叶柄。总状花序腋生，长6～12cm，下垂，花梗细，长2～5cm；苞片1枚，长卵形，膜质；花萼长圆形，黄绿色；花瓣6片，退化成腺体。浆果卵圆形，直径1cm，成熟时蓝黑色。花期3～5月，果期7～9月。

产地分布　分布于陕西、四川、贵州、湖北、湖南、云南、广西、广东、海南、江西、浙江、安徽等地。南昌市产于安义、新建等县区。

价值评述　根及茎均可供药用，具清热解毒、活血散瘀、祛风止痛等功效，在中医中使用广泛。其茎皮含纤维，可制绳索；枝条可作藤条代用品。

大芽南蛇藤 *Celastrus gemmatus* Loes. 卫矛科Celastraceae

识别要点 落叶木质藤本。小枝具多数棕灰白色突起皮孔；冬芽长达1.2cm。叶纸质，长圆形、卵状椭圆形或椭圆形，长6～12cm，先端渐尖，基部圆，具浅锯齿，侧脉5～7对，网脉密网状，两面均突起，下面或脉上具棕色短毛；叶柄长1～2.3cm。聚伞花序顶生或侧生，花序短，具3～7朵花，花单性，雌雄异株；花萼裂片卵圆形，边缘啮蚀状；雄蕊与花冠等长，在雌花中退化；退化雌蕊长1～2mm；雌花中子房球状，花柱长1.5mm。蒴果球形，径1～1.3cm；种子宽椭圆形，有红色的假种皮。花期4～9月，果期8～10月。

产地分布 分布于河南、陕西、甘肃、安徽、浙江、江西、湖北、湖南、贵州、四川、台湾、福建、广东、广西、云南等地。南昌市产于安义县。

价值评述 根、茎、叶可入药，具清热解毒、保肝护肝、祛风湿、舒筋活血等功效；其种子含油量高，可作为榨油原料和工业燃料油。植株形态优美，藤茎壮观，成熟果实开裂露出鲜红色假种皮，有较高的观赏价值，可用于垂直绿化。

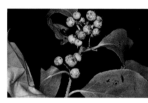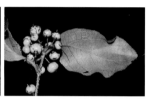

大叶白纸扇 *Mussaenda shikokiana* Makino 茜草科Rubiaceae

识别要点 落叶灌木或落叶木质藤本；高1～3m。叶对生，薄纸质，宽卵形或宽椭圆形，长10～25cm，宽5～12cm，顶端近突渐尖，基部楔形或圆形，幼嫩时两面有稀疏贴伏毛，脉上毛较稠密，老时两面均无毛；侧脉9对，向上拱曲；叶柄长1.5～3.5cm；托叶卵状披针形，2裂，长8～10mm。聚伞花序顶生，有花序梗，花疏散；花梗长约2mm；花萼裂片白色，披针形，长达1cm，外面被短柔毛；花冠黄色，花冠管长1.4cm，裂片卵形，外面有短柔毛。浆果近球形，直径约1cm。花期5～7月，果期7～10月。

产地分布 分布于广东、广西、江西、贵州、湖南、湖北、四川、安徽、福建、浙江等地。南昌市产于安义、新建、南昌、进贤等县区。

价值评述 根、茎、叶可入药，具清热解毒、消肿排脓、祛风降气、消炎止痛等功效。枝繁叶大，花序中具萼裂片特化成的白色小叶片，洁白如玉，黄色小花点缀，美丽独特，可用于园林绿化。

大叶桂樱 *Prunus zippeliana* Miq.

识别要点 常绿乔木；高达25m。树皮红褐色，易剥落。小枝灰褐色至黑褐色，枝叶无毛。叶革质，宽卵形、椭圆状长圆形或宽长圆形，长10～19cm，先端急尖或短渐尖，基部宽楔形或近圆，具粗锯齿，齿顶有黑色硬腺体；叶柄长1～2cm，无毛，有1对扁平腺体。总状花序单生或2～4个簇生叶腋，长2～6cm，被短柔毛。花梗长1～3mm；苞片长2～3mm。花萼外面被短柔毛；花瓣近圆形，白色，有特殊香味；子房无毛。核果长圆形或卵状长圆形，熟时黑褐色，无毛；核壁稍具网纹。花期7～10月，果期12月。

产地分布 分布于甘肃、陕西、湖北、湖南、江西、浙江、福建、台湾、广东、广西、贵州、四川、云南等地。南昌市产于新建区。

价值评述 木材红褐色，材性稳定，优良用材树种。果实、种仁及叶可入药，具止咳平喘、温经止痛等功效。冠大浓密，叶色深绿油亮，大树树干金黄斑驳，美丽奇特，优良观赏树种。

丁香杜鹃 *Rhododendron farrerae* Tate ex Sweet

杜鹃花科 Ericaceae

识别要点 落叶灌木；高达3m。小枝幼时被铁锈色长柔毛，后变无毛。叶厚纸质近革质，卵形或菱形，先具短尖头，边缘具开展睫毛；常3片聚生枝顶。花1~2朵顶生，先于叶开放；花梗长6mm，密被柔毛；花萼极不明显，裂片被长柔毛；花冠辐状漏斗形，紫丁香色，径3.8~5cm，花冠管短狭筒状，5裂，上方3裂片极少分裂，边缘多波状，具紫红色斑点，无毛，下方2裂片大而深裂；雄蕊8~10枚，不等长，比花冠短，花丝中部以下被短腺毛；子房密被长柔毛，柱头微裂。蒴果长圆柱形，长1cm，密被柔毛。花期5~6月，果期7~8月。

产地分布 分布于江西、福建、湖南、广东、广西等地。南昌市产于安义、新建等县区。

价值评述 花朵美丽，颜色鲜艳，花冠辐状漏斗形，紫丁香色，极具观赏价值。

东方野扇花 *Sarcococca orientalis* C. Y. Wu

识别要点 常绿灌木；高达3m。叶互生，薄革质，长圆状披针形或长圆状倒披针形，长6～9cm，宽2～3cm，先端渐尖，基部楔形或阔楔形；叶面最下1对侧脉从叶基或叶柄出发上升甚长，和中脉呈基生三出脉；叶缘下曲；叶柄长5～8mm。花序近头状，长约1cm；苞片卵形；雄花3～5枚或更多，生于花序轴上部；雌花1～3枚或更多，生于花序轴下部。果实卵形或球形，直径7mm，熟时黑色。花期3～9月，果期5～6月或11～12月。

产地分布 分布于江西、福建、浙江、广东等地。南昌市产于安义、新建等县区。

价值评述 根及花、果可入药，具凉血散瘀、解毒敛疮、行气活血、祛风通络、消肿止痛等功效。其性耐阴，终年常绿，花果同期，可作为室内盆景观赏或室外绿篱植物。

杜茎山 *Maesa japonica* (Thunb.) Moritzi

报春花科 Primulaceae

识别要点 常绿灌木；高1～3m。全株无毛。叶革质，椭圆形、披针状椭圆形、倒卵形或披针形，长5～15cm，宽2～5cm。总状或圆锥花序；花萼长2mm；苞片卵形；小苞片紧贴花萼基部；花梗长2～3mm；花冠白色，长钟形，花冠筒具脉状腺纹，裂片卵形或肾形，略具细齿；雄蕊内藏，生于冠筒中部，花丝与花药等长；柱头分裂。果球形，径4～6mm，肉质，具脉状腺纹，

宿萼包果顶端，花柱宿存。花期1～3月，果期5月或10月。

产地分布 分布于江西、福建、湖南、广东、广西等地。南昌市产于安义、新建、进贤、南昌、红谷滩、青云谱等县区。

价值评述 全株可供药用，具祛风寒、消肿等功效；果实微甜可食用，为野外救急野果之一。性耐阴，可作疏林下或荫蔽处的绿化树种。

多花黄精 *Polygonatum cyrtonema* Hua

天门冬科 Asparagaceae

识别要点 多年生草本；高 50～100cm。根状茎肥厚，通常连珠状或结节成块，直径 1～2cm；地上茎高达 100cm。叶互生，椭圆形、卵状披针形至矩圆状披针形，长 10～18cm，宽 2～7cm。伞形花序具 1～14 朵花，总花梗长 1～6cm，花梗长 0.5～3cm；花被黄绿色，全长 18～25mm，裂片长 3mm；花丝长 3～4mm，两侧扁或稍扁，具短绵毛。浆果黑色，直径可达 1cm，具 3～9 颗种子。花期 5～6 月，果期 8～10 月。

产地分布 分布于四川、贵州、湖南、湖北、河南、江西、安徽、江苏、浙江、福建、广东、广西等地。南昌市产于安义县、新建区。

价值评述 根状茎可入药，具补气养阴、健脾、润肺、益肾等功效；药食两用，食用爽口，现为南方重要的林下药用植物种植对象。

多穗金粟兰 *Chloranthus multistachys* Pei

金粟兰科Chloranthaceae

识别要点 多年生草本；高达50cm。根状茎粗壮，生多数细长须根。叶对生，通常4片，坚纸质，椭圆形、宽椭圆形、卵状椭圆形或宽卵形，长10～20cm，宽6～11cm，顶端渐尖，基部宽楔形至圆形，边缘粗锯齿，齿端有一腺体；侧脉6～8对，网脉明显。穗状花序多条，连总花梗长4～11cm；苞片宽卵形或近半圆形；花小，白色；雄蕊1～3枚；子房卵形，无花柱，柱头截平。核果球形，绿色，具长1～2mm的柄，表面有小腺点。花期5～7月，果期8～10月。

产地分布 分布于河南、陕西、甘肃、安徽、江苏、浙江、福建、江西、湖南、湖北、广东、广西、贵州、四川等地。南昌市产于安义、新建等县区。

价值评述 根及根状茎供药用，具祛湿散寒、理气活血、散瘀解毒等功效；该植物有毒，使用需谨慎。植株矮小，叶序整齐，花排列别致，有较高观赏价值。

朵花椒 *Zanthoxylum molle* Rehd. 芸香科 Rutaceae

识别要点 落叶乔木；高达10m。树皮褐黑色。嫩枝暗紫红色，茎上有鼓钉状锐刺。一回羽状复叶，小叶13～19枚，对生，宽卵形或椭圆形，长8～15cm，宽4～9cm，先端短尾尖，基部圆或稍心形，全缘或具细圆齿，叶下面密被白灰或黄灰色毡状绒毛，油腺点不显或稀少。伞房状聚伞花序顶生，多花，花序轴被褐色柔毛，疏生小刺；萼片5枚；花瓣5片，白色，长2～3mm；心皮3枚。果熟时果柄及分果瓣呈淡紫红色，油点多而细小。花期6～8月，果期10～11月。

产地分布 分布于安徽、浙江、江西、湖南、贵州等地。南昌市产于安义县。

价值评述 果壳、种子、叶及根均可入药，具散寒健胃、止吐利尿等功效；果实可作调味品。树体通直、树冠开阔，观赏价值较高。

耳叶鸡屎藤 *Paederia cavaleriei* Lévl. 茜草科 Rubiaceae

识别要点 多年生草质藤本。茎、枝和叶两面均被锈色绒毛。叶近膜质，卵形、长圆状卵形至长圆形，长6～18cm，宽2.5～10cm，顶端长渐尖，基部圆形或截头状心形，下面被毛稍密；侧脉每边5～10条；托叶三角状披针形。花聚集成小头状再排成腋生或顶生的复总状花序；萼管倒卵形，萼檐裂片5枚；花冠管状，上部稍膨大，外面被粉末状绒毛，裂片5枚，外反。果球形，直径4.5～5mm，光滑，草黄色，冠以宿存三角形的萼檐裂片和隆起的花盘；小坚果浅黑色，无翅。花期6～7月，果期10～11月。

产地分布 分布于浙江、福建、湖南、广东、广西、贵州、云南、台湾等地。南昌市产于安义、新建等县区。

价值评述 全草可入药，具祛风利湿、止痛、消食化积、止咳等功效。

构棘 *Maclura cochinchinensis* (Lour.) Corner　　　　桑科 Moraceae

识别要点　常绿灌木或常绿木质藤本；高2~6m。有白色乳汁。枝具粗壮弯曲无叶的腋生刺，刺长约1cm。叶革质，椭圆状披针形或长圆形，长3~8cm，宽2~2.5cm，全缘，两面无毛，侧脉7~10对。雌雄异株，雌雄花序均为具苞片的球形头状花序，每朵花具2~4枚苞片，苞片锥形，内面具2个黄色腺体；雄花序直径约6~10mm，花被片4枚，大小不等，雄蕊4枚，花药短，在芽时直立，退化雌蕊锥形或盾形；雌花序微被毛，花被片顶部厚，分离或基部合生，基部有2个黄色腺体。聚合果肉质，直径达5cm，表面微被毛，成熟时橙红色。花期4~5月，果期6~7月。

产地分布　分布于福建、浙江、江苏、湖南、广东、广西、贵州等地。南昌市产于安义、新建、红谷滩、南昌、进贤等县区。

价值评述　根、茎皮及果实均可入药，具止咳化痰、祛风利湿、散瘀止痛等功效；枝干煮汁可作染料；果实可生食，亦可酿酒。花繁果美，观赏价值较高，可作为绿篱或城市绿化植物；同时还是较好的蜜源植物。

菰腺忍冬 *Lonicera hypoglauca* Miq. 忍冬科 Caprifoliaceae

识别要点 落叶木质藤本。幼枝、叶柄、叶两面中脉及总花梗均密被上端弯曲淡黄褐色柔毛，有时有糙毛。叶纸质，卵形或卵状长圆形，基部近圆或带心形，有无柄或具极短柄黄色或橘红色蘑菇状腺体。花单生至多朵集生侧生短枝，或于小枝顶集成总状；苞片条状披针形，与萼筒几等长，外面有糙毛和缘毛；小苞片圆卵形或卵形，稀卵状披针形，有缘毛；萼齿三角状披针形，有缘毛；花冠白色，有时有淡红晕，后黄色，唇形，冠筒比唇瓣稍长，外面疏生倒微状毛，常具无柄或有短柄的腺体；雄蕊与花柱均稍伸出。果熟时黑色，近圆形，有时具白粉。花期4～6月，果期10～11月。

产地分布 分布于安徽、浙江、江西、福建、台湾、湖北、湖南、广东、广西、四川、贵州、云南等地。南昌市产于安义、新建等县区。

价值评述 传统中药材，花蕾可入药，具清热解毒等功效。植株形态优美，花色多变，观赏价值较高，可用于藤架绿化。

牯岭藜芦 *Veratrum schindleri* (Baker) Loes. F. 　　藜芦科 Melanthiaceae

识别要点　多年生草本；高达1m。茎基部具棕褐色带网眼的纤维网。叶在茎下部的宽椭圆形或窄长圆形，长约30cm，宽2～13cm，两面无毛，先端渐尖，基部收窄成柄；叶柄通常长5～10cm。圆锥花序长而扩展，具多数近等长的侧生总状花序；花序轴和枝轴被灰白色绵状毛；花被片伸展或反折，淡黄绿色、绿白色或褐色，近椭圆形或倒卵状椭圆形，长6～8mm，全缘；苞片背面被绵状毛；雄蕊长为花被片的2/3。蒴果直立，径约1cm。花、果期6～10月。

产地分布　分布于江西、江苏、浙江、安徽、湖南、湖北、广东、广西、福建等地。南昌市产于新建区。

价值评述　根茎可入药，具涌吐风痰、杀虫等功效；但有毒，用时需谨慎。其叶片宽大，绿意盎然，具一定的观赏价值。

管花马兜铃 *Aristolochia tubiflora* Dunn.

马兜铃科 Aristolochiaceae

识别要点 多年生草质藤本。根长圆柱形，径3～4cm。枝、叶折断后渗出淡红色汁液。叶三角状心形，长3～15cm，先端钝具凸尖，基部心形，密被油点；叶柄长2～10cm。花单生或2朵并生叶腋；花梗长1～2cm；花被筒长3～4cm，基部球形，向上缢缩成直管，口部漏斗状，檐部一侧延伸成卵状长圆形舌片，长2～4cm，先端钝或凹具短尖头，深紫色；花药卵圆形，合蕊柱6裂。蒴果长圆形，果梗常随果实开裂成6条。种子卵圆形或卵状三角形，长约4mm，背面被疣点。花期4～8月，果期10～12月。

产地分布 分布于河南、湖北、湖南、四川、贵州、广西、广东、江西、浙江、福建等地。南昌市产于安义、新建等县区。

价值评述 根和果实入药，具清肺热、止咳、平喘等功效。花果奇特，可栽培供观赏。

韩信草 *Scutellaria indica* L.

识别要点 多年生草本；高达28cm。根茎短，纤维状根。茎四棱形，被微柔毛。叶草质至近坚纸质，心状卵圆形或圆状卵圆形至椭圆形，先端钝或圆，基部圆形至心形，边缘密生整齐圆齿，两面被微柔毛或糙伏毛。总状花序，花对生；花冠蓝紫色，外疏被微柔毛；冠筒前方基部膝曲，其后直伸，向上逐渐增大；冠檐二唇形，上唇盔状，先端微缺，下唇中裂片圆状卵圆形，两侧中部微内缢，具深紫色斑点；雄蕊4枚，二强雄蕊，子房柄短，花柱细长。小坚果卵形，熟时暗褐色，具瘤。花、果期2~6月。

产地分布 分布于江苏、浙江、安徽、江西、福建、台湾、广东、广西、湖南、河南、陕西、贵州、四川、云南等地。南昌市产于安义、进贤、新建等县区。

价值评述 全草可入药，具清热解毒、活血止痛、止血消肿等功效。花色清新淡雅，果形奇特，观赏价值高，适合盆栽种植或花境栽培。

黑足鳞毛蕨 *Dryopteris fuscipes* C. Chr.

鳞毛蕨科 Dryopteridaceae

识别要点 多年生草本；高达80cm。根状茎横卧或斜升。叶簇生；叶柄长约20～40cm，基部为黑色，其余为深禾秆色，基部密被披针形、棕色、有光泽的鳞片，顶端渐尖或毛状，边缘全缘；叶纸质，卵状披针形或三角状卵形，二回羽状；羽片10～15对，披针形，中部的羽片长约10～15cm，宽约3～4cm；小羽片约10～12对，三角状卵形，基部最宽，顶端钝圆，边缘有浅齿；叶轴具较密的披针形、线状披针形和少量泡状鳞片，羽轴具较密的泡状鳞片和稀疏的小鳞片。孢子囊群大，在小羽片中脉两侧各一行，略靠近中脉着生；囊群盖圆肾形，边缘全缘。

产地分布 分布于江苏、安徽、浙江、福建、台湾、湖南、湖北、广东、广西、四川、贵州、云南等地。南昌市产于安义、新建、南昌、进贤等县区。

价值评述 全草入药，具清热解毒、生肌敛疮等功效。

厚皮香 *Ternstroemia gymnanthera* (Wight et Arn.) Beddome　　五列木科 Pentaphylacaceae

识别要点　常绿灌木或小乔木。树皮灰褐色，平滑。小枝灰褐色。叶革质或薄革质，常簇生于枝顶，椭圆形至长圆状倒卵形，先端短渐尖或急窄缩成短尖，尖头钝，基部楔形，边全缘，稀有上半部疏生浅疏齿，齿尖具黑色小点；上面深绿色或绿色，有光泽，下面浅绿色；中脉在上面稍凹下，在下面隆起。花两性或单性，生于当年生无叶的小枝上或叶腋；两性花具小苞片 2 枚，三角形或三角状卵形，边缘具腺状齿突；萼片 5 枚；花瓣 5 片，淡黄白色，倒卵形，顶端常微凹；雄蕊约 50 枚；子房 2 室，胚珠每室 2 枚，花柱短，顶端浅 2 裂。蒴果圆球形，熟时红色。花期 7 月，果期 8～10 月。

产地分布　分布于安徽、浙江、江西、福建、湖北、湖南、广东、广西、云南、贵州、四川等地。南昌市产于新建区。

价值评述　其木材红色，致密坚硬，是优良的家具用材；种子含脂肪油，可制油漆、肥皂及机械润滑油；树皮可炼制栲胶和茶褐色染料。树冠浑圆，枝平展成层，姿态优美，果熟鲜红色，分外鲜艳，具较高的观赏价值。

厚叶冬青 *Ilex elmerrilliana* S. Y. Hu　　冬青科 Aquifoliaceae

识别要点　常绿灌木或小乔木；高达 7m。小枝具纵棱，无毛。顶芽狭圆锥形，具缘毛。叶厚革质，椭圆形或长圆状椭圆形，全缘，主脉在叶面凹陷，背面隆起，侧脉及网状脉不明显；托叶三角形。雄花序簇生，分枝具 1～3 朵白色花；花萼盘状，裂片三角形；花冠辐状，花瓣基部合生，长圆形；雄蕊与花瓣近等长。雌花序簇生，分枝具单花，小苞片生于基部；花冠直立，花瓣基部分离；退化雄蕊长约为花瓣的一半，花药箭头状；子房近球形，花柱明显，柱头头状。果球形，直径约 5mm，成熟后红色；花柱宿存；分核 6 或 7 个。花期 4～5 月，果期 7～11 月。

产地分布　分布于安徽、浙江、江西、福建、湖北、湖南、广东、广西、四川、贵州等地。南昌市产于安义、进贤等县区。

价值评述　树皮可入药，具消炎、补益肌肤等功效。其树形美观，具观赏价值。

槲蕨 *Drynaria roosii* Nakaike 水龙骨科 **Polypodiaceae**

识别要点 多年生草本。通常匍匐附生于岩石上，或螺旋状攀缘于树干上。根状茎密被鳞片；鳞片斜升，盾状着生，边缘有齿。叶二型；基生不育叶圆形，基部心形，叶前裂，黄绿色或枯棕色，厚干膜质，下面有疏短毛；可育叶叶柄具狭翅；叶片深羽裂到距叶轴2～5mm处，裂片7～13对，互生，稍斜向上，披针形，顶端急尖或钝；叶脉两面均明显；干后纸质，仅上面中肋略有短毛。孢子囊群圆形或椭圆形，在叶片下面沿裂片中脉两侧排列成2～4行，成熟时相邻侧脉间有圆形孢子囊群1行，混生有大量腺毛。

产地分布 分布于江苏、安徽、江西、浙江、福建、台湾、海南、湖北、湖南、广东、广西、四川、重庆、贵州、云南等地。南昌市产于安义、新建、进贤等县区。

价值评述 根状茎可作药材"骨碎补"使用，具补肾坚骨、活血止痛等功效。

蝴蝶戏珠花 *Viburnum plicatum* f. *tomentosum* (Miq.) Rehder 五福花科 Adoxaceae

识别要点 落叶灌木；高达3m。当年小枝浅黄褐色，二年生小枝灰褐色或灰黑色。叶较狭卵形、矩圆状卵形或椭圆状倒卵形，下面常带绿白色，侧脉10~17对。花序直径4~10cm，外围有4~6朵白色、大型的不孕花，具长花梗，花冠直径达4cm，花冠不整齐4~5裂；中央可孕花黄白色，花冠辐状，裂片宽卵形，雄蕊高出花冠，花药近圆形。果实幼时红色，后变黑色，宽卵圆形或倒卵圆形；核扁，两端钝形，腹面有1条上宽下窄的沟，背面有1条短的隆起脊。花期4~5月，果期8~9月。

产地分布 分布于陕西、安徽、浙江、江西、福建、台湾、河南、湖北、湖南、广东、广西、四川、贵州、云南等地。南昌市产于安义县。

价值评述 根及茎供药用，具清热解毒、健脾消积、祛风止痛等功效。花繁叶茂，花后红果累累，可作观叶、观花、观果的园林绿化植物。

虎刺 *Damnacanthus indicus* (L.) Gaertn. F.　　　　　　　　　茜草科Rubiaceae

识别要点　常绿灌木；高达1m。幼枝密被硬毛；节上托叶腋生1针状刺，刺长0.4～2cm。叶对生，常大小叶对相间，大叶长1～3cm，宽1～1.5cm，小叶长不及0.4cm，全缘；中脉上面隆起，下面凸出；托叶生叶柄间，易脱落。花两性，1～2朵生叶腋，有时在顶部叶腋生具6朵花的聚伞花序；花梗长1～8mm，基部两侧各具苞片1枚，苞片小，披针形或线形；花萼钟状，具绿色或紫红色斑纹，宿存裂片4枚，三角形或钻形；花冠白色，管状漏斗形，外面无毛，内面自喉部至冠管上部密被毛，裂片4枚，椭圆形；雄蕊4枚，子房4室。核果红色，近球形，直径4～6mm，具分核1～4个。花期3～5月，果期11～12月。

产地分布　分布于西藏、云南、贵州、四川、广西、广东、湖南、湖北、江苏、安徽、浙江、江西、福建、台湾等地。南昌市产于安义、新建等县区。

价值评述　根入药，具祛风利湿、活血止痛等功效。白花红果，可作园林绿化植物。

华素馨 *Jasminum sinense* Hemsl.　　　　　　　　木樨科 Oleaceae

识别要点　常绿木质藤本；长达8m。小枝圆柱形，密被锈色长柔毛。叶对生，三出复叶；小叶片卵形、宽卵形或卵状披针形，基部圆形或圆楔形，叶缘反卷，两面被锈色柔毛，下面脉上尤密，侧脉3～6对；顶生小叶片较大，长3～12.5cm，宽2～8cm，小叶柄长0.8～3cm，侧生小叶片长1.5～7.5cm，宽0.8～5.4cm，小叶柄短，仅1～6mm。聚伞花序常呈圆锥状，稍密集多花；花芳香；花萼被柔毛，裂片线形或尖三角形，果时稍增大；花冠白色或淡黄色，高脚碟状，花冠管细长，裂片5枚，裂片长圆形或披针形。果长圆形或近球形，黑色。花期6～10月，果期9月至翌年5月。

产地分布　分布于浙江、江西、福建、广东、广西、湖南、湖北、四川、贵州、云南等地。南昌市产于安义县、新建区。

价值评述　形态优美，花芳香，可作为垂直绿化植物，亦可盆栽观赏。全草入药，具清热解毒、活血化瘀、行气止痛等功效。

华紫珠 *Callicarpa cathayana* H. T. Chang　　　　　唇形科 Lamiaceae

识别要点　落叶灌木；高达3m。小枝纤细，幼嫩枝稍有星状毛。叶片椭圆形或卵形，长4～8cm，宽1.5～3cm，顶端渐尖，基部楔形，两面有显著的红色腺点，侧脉在两面均稍隆起，细脉和网脉下陷，边缘密生细锯齿。聚伞花序细弱，3～4次分歧，略有星状毛，花序梗长4～7mm；花萼杯状，具星状毛和红色腺点，萼齿不明显或钝三角形；花冠紫色，有红色腺点；子房无毛，花柱略长于雄蕊。果实球形，紫色，径约2mm。花期5～7月，果期8～11月。

产地分布　分布于河南、江苏、湖北、安徽、浙江、江西、福建、广东、广西、云南等地。南昌市产于安义县。

价值评述　根、叶可入药，具祛风利湿、散瘀止血等功效。树体娇小，果实密集而艳丽，可作园林观赏树种。

黄绒润楠 *Machilus grijsii* Hance 樟科 Lauraceae

识别要点 常绿乔木；高达5m。芽、小枝、叶柄、叶下面、花序、花被片有黄褐色短绒毛。叶倒卵状长圆形，革质，长7.5～18cm，宽3.7～7cm，先端渐狭，基部近圆形，上面无毛，中脉和侧脉在上面凹下，在下面隆起，侧脉每边8～11条，小脉纤细而不明显；叶柄稍粗壮，长7～18cm。花序短，丛生小枝枝顶，长约3cm；花被裂片薄，长椭圆形，近相等，外轮的较狭；第3轮雄蕊腺体肾形，无柄，生于花丝基部。果球形，直径约10mm。花期3月，果期4月。

产地分布 分布于福建、广东、江西、浙江等地。南昌市产于安义、进贤等县区。

价值评述 其木材优良，可作建筑、家具等用材；枝叶、树皮可入药，具散瘀、止痛、消炎等功效。

黄水枝 *Tiarella polyphylla* D. Don

识别要点 多年生草本；高达45cm。根状茎横走，深褐色；地上茎不分枝。地上茎、叶两面、花序、花梗、花萼背面密被腺毛。基生叶具长柄，心形，长2～8cm，宽2.5～10cm，掌状3～5浅裂，边缘具不规则浅齿；叶柄基部扩大呈鞘状；茎生叶与基生叶同型，叶柄较短。总状花序长8～25cm；花梗长达1cm；萼片在花期直立，腹面无毛；无花瓣；心皮2枚，不等大，下部合生，子房近上位，花柱2个。蒴果长7～12mm。种子黑褐色，椭圆球形。花、果期4～11月。

产地分布 分布于陕西、甘肃、江西、台湾、湖北、湖南、广东、广西、四川、贵州、云南、西藏等地。南昌市产于安义、新建等县区。

价值评述 全草可入药，具清热解毒、活血祛瘀、消肿止痛等功效。花期在春季，叶色常绿，是观花、观叶俱佳的野生地被植物，值得在城市绿化中推广应用。

灰毛大青 *Clerodendrum canescens* Wall. ex Walp.　唇形科 **Lamiaceae**

识别要点 落叶灌木；高达3.5m。小枝略四棱形，密被长柔毛，髓疏松。叶片心形或宽卵形，长6～18cm，宽4～15cm，基部心形至近截形，两面被长柔毛；叶柄长1.5～12cm。聚伞花序密集成头状，通常2～5分枝生于枝顶，花序梗较粗壮；花萼钟状，嫩时绿，后变红色，5深裂，裂片卵形或宽卵形；花冠白色或淡红色，被柔毛，花冠管长约2cm，纤细，裂片向外平展，倒卵状长圆形；雄蕊4枚，与花柱均伸出花冠外。

核果近球形，径约7mm，嫩时绿色，成熟时深蓝色或黑色，藏于红色增大的宿萼内。花、果期4～10月。

产地分布 分布于浙江、江西、湖南、福建、台湾、广东、广西、四川、贵州、云南等地。南昌市产于新建、进贤等县区。

价值评述 全株入药，具养阴清热、祛风止痛、凉血止血等功效。花冠白色或淡红色，花萼在夏季宿存增大变为鲜红色，有较高的观赏价值。

鸡眼藤 *Morinda parvifolia* Bartl. ex DC.

茜草科Rubiaceae

识别要点 常绿木质藤本。枝棕色或稍紫蓝色，具细棱，幼枝密被柔毛。叶对生，全缘；叶面初时密被粗毛，后变疏粒状糙毛或无毛；叶背被短粗毛；侧脉在叶背明显，每边3～6条，脉腋有毛；叶柄被短粗毛；托叶干膜质，呈筒状。头状花序顶生；花4～5基数，无花梗；花萼上部环状，顶端截平，下部合生；苞片1枚，毛状或钻状；花冠白色，略呈四至五棱形，棱处具裂缝，裂片长圆状披针形；雄蕊生于花冠裂片侧基部，与裂片同数，花药长圆形；花柱外伸或无花柱；子房下部与花萼合生，具2～4室，每室胚珠1枚。聚花核果近球形，具2～4枚分核。种子三棱形，角质，无毛。花期4～6月，果期7～8月。

产地分布 分布于江西、福建、台湾、广东、香港、海南、广西等地。南昌市产于安义县。

价值评述 全株可入药，具清热止咳、和胃化湿、散瘀止痛等功效。果实鲜红，形态奇特，观赏性佳，可作盆栽或墙垣绿化。

尖叶清风藤 *Sabia swinhoei* Hemsl. ex Forb. et Hemsl. 清风藤科 Sabiaceae

识别要点 常绿木质藤本。小枝纤细，被长柔毛。叶纸质，椭圆形至宽卵形，先端渐尖或尾尖，基部楔形或圆形；叶面无毛或仅中脉有毛，叶背被短柔毛或仅脉上有柔毛；侧脉每边4~6对，网脉稀疏；叶柄被柔毛。聚伞花序具花2~7朵，被疏长柔毛；萼片5枚，卵形，有缘毛和不明显的红色腺点；花瓣5片，浅绿色，卵状披针形或披针形；雄蕊5枚，花丝稍扁；花盘浅杯状；子房无毛。分果爿深蓝色，近圆形或倒卵形，基部偏斜；核中肋不明显，两侧有不规则的条块状凹穴，腹部凸出。花期3~4月，果期7~9月。

产地分布 分布于江苏、浙江、台湾、福建、江西、广东、广西、湖南、湖北、四川、贵州等地。南昌市产于安义县。

价值评述 根、茎可药用，祛风除湿、通络止痛、利水消肿等功效，提取物能抗乙肝病毒；根也可供食用。攀缘力强，叶片深绿而茂密，可作棚架遮阴及园林绿化植物。

见血青 *Liparis nervosa* (Thunb. ex A.murray) Lindl. 兰科Orchidaceae

识别要点 多年生草本；高10～20cm。茎或假鳞茎圆柱状，肥厚，肉质，有数节，长2～10cm，直径5～10mm，常包藏于叶鞘之内，有时上部裸露。叶2～5枚，膜质或草质，卵形至卵状椭圆形，长5～16cm，宽3～8cm，全缘，先端近渐尖，基部收狭并下延成鞘状柄，无关节；鞘状柄长2～5cm，大部分抱茎。花莛发自茎顶端；总状花序；苞片很小，三角形；花紫色；中萼片线形或宽线形，边缘外卷，具不明显的3脉；侧萼片狭卵状长圆形，稍斜歪，具3脉；花瓣丝状，亦具3脉；唇瓣长圆状倒卵形，先端截形并微凹，基部收狭，具2个近长圆形的胼胝体；蕊柱较粗壮，上部两侧有狭翅。蒴果倒卵状长圆形或狭椭圆形。花期2～7月，果期10月。

产地分布 分布于浙江、江西、福建、台湾、湖南、广东、广西、四川、贵州、云南、西藏等地。南昌市产于安义县。

价值评述 全草可入药，具清热解毒、凉血止血等功效。其花形奇特、花色艳丽，具观赏价值。

江南花楸 *Sorbus hemsleyi* (Schneid.) Rehd. 蔷薇科Rosaceae

识别要点 常绿灌木或乔木；高达10m。小枝有明显皮孔，无毛，棕褐色；冬芽卵形，外被数枚暗红色鳞片，无毛。叶片卵形至长椭卵形，稀长椭倒卵形，长5～11cm，宽2.5～5.5cm，先端急尖或短渐尖，基部楔形，稀圆形，边缘有细锯齿并微向下卷，上面深绿色，无毛，下面除中脉和侧脉外均有灰白色绒毛，侧脉12～14对，直达叶边齿端；叶柄长1～2cm。复伞房花序，有花20～30朵；花梗被白色绒毛；萼筒钟状，外面密被白色绒毛，内面微有柔毛；萼片三角卵形，先端急尖，外被白色绒毛，内面微有绒毛；花瓣宽卵形，白色，内面微有绒毛；雄蕊20枚，长短不齐，长者与花瓣等长；花柱2个，基部合生，并有白色绒毛，短于雄蕊。果实近球形，直径5～8mm，有少数斑点，先端萼片脱落后留有圆斑。花期5月，果期8～9月。

产地分布 分布于湖北、湖南、江西、安徽、浙江、广西、四川、贵州、云南等地。南昌市产于新建区。

价值评述 其木材白色稍软，可作家具；果实可食用、制酒和果酱；果实、种子可入药，具镇咳祛痰等功效。

江南越橘 *Vaccinium mandarinorum* Diels 杜鹃花科Ericaceae

识别要点 常绿乔木；高达4m。幼枝通常无毛，老枝紫褐色或灰褐色。叶厚革质至薄革质，卵形或长圆状披针形至披针形，长3～9cm，宽1.5～3.5cm，顶端渐尖，边缘有细锯齿；中脉和侧脉纤细，在两面稍突起；叶柄长3～8mm。总状花序腋生，长2.5～10cm；苞片披针形至卵形，长2～15mm；小苞片2枚，着生花梗中部或近基部，线状披针形或卵形，长2～4mm；花梗纤细，长2～8mm；萼筒无毛，萼齿三角形或卵状三角形或半圆形；花冠白色，有时带淡红色，微香，筒状或坛状，口部稍缢缩或开放，裂齿三角形或狭三角形；雄蕊内藏，药室背部有短距，花丝扁平，密被毛。浆果熟时紫黑色，无毛，直径4～6mm。花期4～6月，果期6～10月。

产地分布 分布于福建、浙江、江苏、湖南、广东、广西、贵州等地。南昌市产于安义、新建、进贤等县区。

价值评述 枝叶、果实可入药，具健脾益肾、平肝止痛、消肿散瘀等功效；果可鲜食或制作果酱；全株有毒，花的毒性最大，使用需谨慎。

江西满树星 *Ilex kiangsiensis* (S. Y. Hu) C. J. Tseng & B. W. Liu   冬青科Aquifoliaceae

识别要点 落叶灌木或小乔木；高达5m。具长枝与短枝，当年生长枝栗褐色或紫褐色，具纵棱和椭圆形浅色皮孔，二年生枝灰色；缩短枝长约5mm，密具皮孔，具鳞片和叶痕。叶纸质，倒卵状椭圆形或椭圆形，长5～8cm，宽1.8～3.3cm，先端短渐尖，基部楔形或渐狭，边缘中部以上具锯齿，两面被微柔毛或仅在叶面沿脉被微柔毛，主脉在叶面平坦或凹陷，背面略隆起，侧脉两面明显；叶柄上面具槽，无毛。果椭圆形，直径6～8mm，单生于长枝叶腋内或短枝的鳞片腋内，成熟时黑色，具纵沟；果柄长4～10mm；果基部宿存的花萼盘状，5裂，裂片三角状卵形，顶端具乳头状或头状宿存柱头，有分核4～5个。花期5月，果期6～10月。

产地分布 分布于江西、湖南、广东等地。南昌市产于红谷滩、南昌等县区。

价值评述 根皮入药，具清热解毒、止咳化痰等功效。

浆果薹草 *Carex baccans* Nees

莎草科 Cyperaceae

识别要点 多年生草本；高达150cm。根状茎木质化，直立而粗壮，秆密丛生，三棱形，无毛。叶长于秆，下面光滑，上面粗糙，基部具红褐色，具分裂成网状的宿存叶鞘。苞片叶状，长于花序，基部具长鞘。圆锥花序复出，长10～35cm；支圆锥花序3～8个，单生，长圆形，长5～6cm，宽3～4cm；小苞片鳞片状，披针形，长3.5～4mm，革质；支花序柄坚挺，基部的1个长12～14cm，上部的渐短，通常不伸出苞鞘之外；花序轴钝三棱柱形，几无毛；小穗多数，圆柱形，长3～6cm，两性，雄雌顺序；雄花部分纤细，具少数花；雌花具多数密生的花。果囊倒卵状球形或近球形，长3.5～4.5mm，近革质，成熟时鲜红色或紫红色，有光泽，具多数纵脉。小坚果椭圆形，褐色，三棱形，长3～3.5mm。花、果期8～12月。

产地分布 分布于福建、台湾、广东、广西、海南、四川、贵州、云南等地。南昌市产于安义、新建、南昌、进贤等县区。

价值评述 全草皆可入药，具活血、消炎止痛、补中利水等功效；亦在园林绿化中作地被植物。

睫毛萼凤仙花 *Impatiens blepharosepala* Pritz. ex E. Pritz. ex Diels 凤仙花科 Balsaminaceae

识别要点 一年生草本；高30~60cm。茎不分枝或基部有分枝。叶互生，常密生于茎或分枝上部，矩圆形或矩圆状披针形，长7~12cm，宽3~4cm，先端渐尖或尾状渐尖，基部楔形，有2个球状腺体，边缘有圆齿，齿端具小尖。总花梗腋生，花1~2朵；花紫色；侧生萼片2枚，卵形，先端突尖，边缘有睫毛，有时有疏齿，脱落；旗瓣近肾形，先端凹，背面中肋有狭翅，翅端具喙；翼瓣无柄，2裂，基部裂片矩圆形，上部裂片大，斧形；唇瓣宽漏斗状，基部突然延长成内弯的距，长可达3.5cm；花药钝。蒴果条形。

产地分布 分布于湖南、湖北、江西、贵州、安徽、福建等地。南昌市产于安义县。

价值评述 全草入药，具清热解毒、消肿拔毒等功效。花形奇特，花色鲜艳，具有较高的观赏价值。

金缕梅 *Hamamelis mollis* Oliver 金缕梅科 Hamamelidaceae

识别要点 落叶灌木或小乔木；高2~8m。嫩枝、叶两面、花萼、果均有黄褐色星状绒毛；老枝秃净；芽体长卵形，有灰黄色绒毛。叶纸质或薄革质，阔倒卵圆形，长8~15cm，宽6~10cm，先端短急尖，基部不等侧心形，上面稍粗糙；侧脉在上面很显著，在下面突起；边缘有波状钝齿；叶柄被绒毛，托叶早落。头状或短穗状花序腋生，有花数朵，无花梗，苞片卵形，花序柄短，长不到5mm；萼筒短，与子房合生，萼齿卵形，宿存；花瓣带状，黄白色；能育雄蕊4枚，花药与花丝几等长；退化雄蕊4枚，先端平截；子房有绒毛，花柱长1~1.5mm。蒴果卵圆形，长1.2cm，宽1cm。种子椭圆形，黑色，发亮。花期2~3月，果期9~11月。

产地分布 分布于四川、湖北、安徽、浙江、江西、湖南、广西等地。南昌市产于新建区。

价值评述 根可入药，具益气等功效。树形雅致，花开时节，满树金黄，极具观赏价值。

金线兰 *Anoectochilus roxburghii* (Wall.) Lindl. 兰科Orchidaceae

识别要点 多年生草本；高达18cm。根状茎匍匐，肉质，节上生根。茎直立，圆柱形，具2～4枚叶。叶片卵圆形或卵形，长1.3～3.5cm，宽0.8～3cm，上面暗紫色或黑紫色，具金红色带有绢丝光泽的网脉，背面淡紫红色；叶柄长4～10mm，基部扩大成抱茎的鞘。总状花序，具2～6朵花，长3～5cm；花序轴淡红色；花苞片淡红色，卵状披针形或披针形；子房长圆柱形，被柔毛；花白色或淡红色；萼片背面被柔毛，中萼片卵形，凹陷呈舟状；侧萼片张开，偏斜的近长圆形或长圆状椭圆形；花瓣质地薄，近镰刀状；唇瓣呈"Y"字形，基部具圆锥状距，前部扩大并2裂，两侧具流苏状细裂条，上举指向唇瓣，内侧具2个肉质的胼胝体；蕊柱短，两侧各具1枚片状的附属物；花药卵形；蕊喙直立，叉状2裂；柱头2个，离生。花期8～11月，果期9～12月。

产地分布 分布于浙江、江西、福建、湖南、广东、海南、广西、四川、云南、西藏等地。南昌市产于安义县。

价值评述 全株入药，具清热凉血、除湿解毒、抗炎、镇痛镇静等功效。其株形小巧美观，叶形优美，有金黄色带有绢丝光泽的网脉，为室内观赏价值很高的观叶珍品。列入《世界自然保护联盟濒危物种红色名录》濒危（EN）种；国家二级重点保护野生植物。在南昌市内罕见，应加大保护力度。

京梨猕猴桃 *Actinidia callosa* var. *henryi* maxim.

识别要点 落叶木质藤本。小枝较坚硬，干后土黄色，洁净无毛；叶纸质，卵形至倒卵形，长8～10cm，宽4～5.5cm，边缘锯齿细小，背面脉腋上有髯毛；叶脉较发达，在上面下陷，在背面隆起呈圆线形，侧脉6～8对；叶柄水红色，长2～8cm，洁净无毛。花序有花1～3朵，花序柄7～15mm；花白色，直径15mm；花柄11～17mm；花萼5枚，卵形，长4～5mm；花瓣5片，倒卵形，长8～10mm；花药黄色，卵形箭头状，花丝丝状；子房近球形，被灰白色绒毛。果小，褐绿色，乳头状至矩圆圆柱状，有显著淡褐色圆形斑点，具反折的宿存萼片。花期6～7月，果期9～10月。

产地分布 分布于福建、四川、湖南、湖北、广西、云南、甘肃、陕西等地。南昌市产于安义县。

价值评述 根皮可入药，具清热利湿、消肿止痛等功效；果实可以食用、酿酒。

井冈山凤了蕨 *Coniogramme jinggangshanensis* Ching et Shing

识别要点 多年生草本。叶柄长约70cm，褐紫色，光滑无毛；叶片稍长于叶柄，宽约30cm，卵状长圆形，二回羽状；侧生羽片约8对，基部一对最大，一回羽状；侧生小羽片3对，彼此远离，披针形，基部阔楔形，第2对羽片三出，第3对二叉，第4对羽片单一，长25cm，宽3cm，带状披针形，长渐尖头，基部阔楔形，向上的羽片略渐缩小；羽片和小羽片边缘有缺刻状浅齿。叶草质，干后暗绿色，两面无毛；叶轴棕色。孢子囊群细线形。

产地分布 分布于江西、福建等地。南昌市产于安义县。

价值评述 造型独特，有观赏价值，可作园林绿化植物。

开宝兰 *Eucosia viridiflora* (Blume)m. C. Pace 兰科Orchidaceae

识别要点 多年生草本；高达20cm。根状茎长；茎具2～5枚叶；叶斜卵形、卵状披针形或椭圆形，长1.5～6cm，基部圆，骤窄成柄，叶柄长1～3cm；苞片淡红褐色，卵状披针形，长2cm，边缘撕裂；子房淡红褐色，圆柱形，上部被柔毛；萼片绿色，椭圆形，中萼片与花瓣粘贴，侧萼片向外伸展；花瓣白色，先端带红褐色，斜菱形，唇瓣卵形，较薄，舟状，长1.2～1.4cm，基部绿褐色，囊状，内面具密腺毛，前部白色，舌状，向下呈"之"字形弯曲，先端前伸；花药披针形。

产地分布 分布于江西、福建、台湾、广东、海南、香港、云南等地。南昌市产于安义县。

价值评述 植株小巧玲珑，花朵形态独特，具有一定的观赏价值。在南昌市罕见，应加强保护。

苦枥木 *Fraxinus insularis* Hemsl. 木樨科Oleaceae

识别要点 落叶乔木；高达30m。树皮灰色，平滑。芽狭三角状圆锥形，密被黑褐色绒毛。嫩枝扁平，棕色至褐色，具白色或淡黄色的皮孔。奇数羽状复叶长10～30cm；叶柄长5～8cm；叶轴平坦，具不明显浅沟；小叶3～7枚，嫩时纸质，后期变硬纸质或革质，长圆形或椭圆状披针形，基部两侧不等大，叶缘具浅锯齿或近全缘，两面无毛，上面深绿色，下面淡白色，散生微细腺点。圆锥花序生于当年生枝端，长20～30cm；花序梗扁平而短，花梗丝状；花萼钟状，齿截平；花冠白色，裂片匙形；雄蕊伸出花冠外，顶端钝，花丝细长；柱头2裂。翅果红色至褐色，长匙形，先端钝圆，微凹头并具短尖，翅下延至坚果上部，坚果近扁平；花萼宿存。

产地分布 分布于陕西、甘肃、安徽、湖北、湖南、四川、广西、贵州等地。南昌市产于安义县。

价值评述 木材黄白色或黄褐色，纹理斜，可作建筑、家具、体育用品、农具等用材；树皮可入药，具清热燥湿、消炎镇痛等功效。

扩展女贞 *Ligustrum expansum* Rehder

木樨科 Oleaceae

识别要点 常绿灌木；高约3m。小枝淡灰棕色，疏生皮孔。叶片厚纸质，长圆状椭圆形至倒卵形，长2.5～12cm，宽1.5～5.5cm，先端锐尖至渐尖，基部楔形，上面无毛，下面被柔毛；叶柄长0.5～1.2cm。圆锥花序宽大，顶生，长10～18cm，宽8～16cm，下部常具叶状苞片；花序轴被短柔毛；花梗无毛；小苞片披针形；花萼无毛，截形或萼齿浅而钝；花冠高脚碟状，长8～10mm，花冠管长5～6mm，裂片卵形，先端锐尖，略呈兜状，后反折；雄蕊不伸出花冠裂片外，花药长圆形，长约3mm。果长圆状椭圆形，长约10mm，宽约5mm。花期4～6月，果期9月。

产地分布 分布于湖北、四川、贵州、湖南、江西等地。南昌市产于安义县。

价值评述 叶可入药，具散风热、清头目、除烦渴等功效；叶含有多种氨基酸、微量元素以及其他对人体有益的成分，可用于制作苦丁茶。植株形态优美，有一定观赏价值。列入《世界自然保护联盟濒危物种红色名录》近危（NT）；南昌市罕见，应加强保护。

蓝果树 *Nyssa sinensis* Oliv.

识别要点 落叶乔木；高达20m。树皮淡褐色或深灰色，裂成薄片脱落。当年生枝淡绿色，多年生枝褐色；皮孔显著，近圆形。叶纸质或薄革质，互生，椭圆形或卵状椭圆形，长12~15cm，宽5~8cm，全缘或微波状；上面深绿色，无毛，下面淡绿色，有稀疏的微柔毛；叶柄淡紫绿色，长1.5~2cm，上面稍扁平或微呈沟状，下面圆形。花序伞形或短总状，总花梗长3~5cm；花单性；雄花生于老枝上，花梗长5mm；花瓣早落，窄矩圆形；雄蕊5~10枚；雌花生于幼枝上，基部有小苞片，花梗长1~2mm；花萼的裂片近全缘；花瓣鳞片状，约长1.5mm；子房下位，与花托合生。核果矩圆状椭圆形或长倒卵圆形，微扁，长10~12mm，宽6mm，厚4~5mm，幼时紫绿色，熟时深蓝色。花期4月，果期9月。

产地分布 分布于江苏、浙江、安徽、江西、湖北、四川、湖南、贵州、福建、广东、广西、云南等地。南昌市产于安义、新建等县区。

价值评述 木材坚硬，供建筑、家具等用材。为季节性彩叶植物，加之果熟时呈现深蓝色，可作景观植物栽培。在南昌市罕见，应加以保护。

老鼠屎 *Symplocos stellaris* Brand　　　　　　　山矾科 Symplocaceae

识别要点　常绿乔木；高达10m。小枝粗，髓心中空，具横隔。芽、嫩枝、嫩叶柄、苞片和小苞片均被红褐色绒毛。叶厚革质，叶面有光泽，叶背粉褐色，披针状椭圆形或狭长圆状椭圆形，长6~20cm，宽2~5cm，先端急尖或短渐尖，基部阔楔形或圆，通常全缘，稀有细齿；中脉在叶面凹下，在叶背明显凸起，侧脉每边9~15条，侧脉和网脉在叶面凹下；叶柄有纵沟。团伞花序着生于二年生枝的叶痕之上；苞片圆形，有缘毛；花萼长约3mm，裂片半圆形，长不到1mm，有长缘毛；花冠白色，5深裂，裂片椭圆形，先端有缘毛；雄蕊18~25枚，花丝基部合生成5束；花盘圆柱形，无毛；子房3室。核果狭卵状圆柱形，长约1cm，宿萼裂片直立；核具6~8条纵棱。花期4~5月，果期6月。

产地分布　分布于浙江、安徽、福建、湖南、湖北、广东、广西、海南、四川、贵州、云南等地。南昌市产于安义、新建、南昌、进贤等县区。

价值评述　木材坚硬，可作器具用材；叶、根可入药，具活血等功效；种子含油，可制肥皂。树形端正，枝叶茂密，四季常青，老茎生花，可用于园林绿化。

裂果卫矛 *Euonymus dielsianus* Loes. & Diels

卫矛科 Celastraceae

识别要点 常绿灌木或小乔木；高可达7m。叶片革质，窄长椭圆形或长倒卵形，长4～12cm，宽2～4.5cm，全缘或有疏浅小锯齿，齿端常具小黑腺点；叶柄长达1cm。聚伞花序1～7朵花；花序梗长达1.5cm；小花梗长3～5mm；花4数，黄绿色；萼片阔圆形，边缘具锯齿，齿端具黑色腺点；花瓣长圆形，边缘稍呈浅齿状；花盘近方形；子房四棱形。蒴果4深裂，裂瓣卵状，1～3裂成熟，每裂有1颗种子。种子长圆状，长约5mm，枣红色或黑褐色，假种盔状，皮橘红色，包围种子上半部。花期6～7月，果期10月。

产地分布 分布于湖北、湖南、四川、云南、贵州、广东、广西等地。南昌市产于安义县。

价值评述 根及茎皮可入药，具强筋壮骨、活血调经等功效。其性耐阴，果裂亦红，甚为美观，可作园林绿化植物。

樱木 *Prunus buergeriana* Miq.

识别要点 落叶乔木；高达12m。小枝红褐色或灰褐色，老枝黑褐色。冬芽卵圆形。叶片椭圆形或长圆椭圆形，稀倒卵椭圆形，长4～10cm，宽2.5～5cm，先端尾状渐尖或短渐尖，基部圆形或宽楔形，边缘有贴生锐锯齿，上面深绿色，下面淡绿色；叶柄长1～1.5cm，基部无腺体或两侧各有1个腺体；托叶膜质，线形，边有腺齿，早落；总状花序具花20～30朵，长6～9cm；花梗长约2mm；萼筒钟状，萼片三角状卵形，长宽几相等，有不规则细锯齿，齿尖幼时带腺体；花瓣白色，宽倒卵形，先端啮蚀状，基部楔形，有短爪；雄蕊10枚，着生花盘边缘；核果近球形或卵球形，黑褐色；萼片宿存。花期4～5月，果期5～10月。

产地分布 分布于甘肃、陕西、河南、安徽、江苏、浙江、江西、广西、湖南、湖北、四川、贵州等地。南昌市产于进贤县。

价值评述 木材质地坚硬，色泽深红，不翘不裂，为优良家具用材。可作优良硬木树种推广种植。

龙头草 *Meehania henryi* (Hemsl.) Sun ex C. Y. Wu　　　　唇形科 Lamiaceae

识别要点　多年生草本；高30～60cm。茎四棱形，枝、叶、节上、花序及果实均被柔毛。叶具长柄，长达10cm，腹面具槽；叶纸质或近膜质，心形至卵形，长4～17cm，宽1.8～10cm，先端渐尖，基部心形，边缘具波状锯齿或粗齿，茎中部的叶较大。由聚伞花序组成的假总状花序腋生或顶生；苞片卵状披针或披针形，具齿；小苞片钻形；花萼窄管形，口部微开张，长1～1.3cm，具25脉；萼齿三角形，呈二唇形，上唇3齿，下唇2齿，果时萼筒基部膨大成囊状；花冠淡红紫或淡紫色，长2.3～3.7cm，冠筒直立，管状，上半部渐扩大，冠檐二唇形，上唇2裂，微弯，裂片长圆形，下唇3裂，中裂片扇形，顶端微凹，两侧裂片长圆形。小坚果圆状长圆形，平滑。花期9月，果期10月。

产地分布　分布于湖北、四川、湖南、贵州等地。南昌市产于安义县。

价值评述　根或叶可入药，具补血祛湿、消肿解毒等功效。花色艳丽，花形奇特，极具观赏价值。

鹿角杜鹃 *Rhododendron latoucheae* Franch.　　　　杜鹃花科Ericaceae

识别要点 常绿灌木或小乔木；高达5m。除花芽、花冠、花丝外，全株无毛；小枝灰色或淡白色，细长开展，常3枝轮生。叶集生枝顶，革质，卵状椭圆形或长圆状披针形，长5～13cm，宽2.5～5.5cm，边缘反卷，上面深绿色，具光泽，下面淡灰白色，中脉和侧脉显著凹陷；叶柄长1.2cm。花芽长圆状锥形，芽鳞倒卵形，宿存，边缘具微柔毛或细腺点。花单生叶腋，枝端具花1～4朵；花梗长1.5～2.7cm；花萼不明显；花冠白色或带粉红色，长3.5～4cm，直径约5cm，5深裂，裂片长圆形，顶端微凹，被微柔毛；雄蕊10枚，不等长，花丝扁平，中部以下被微柔毛；子房圆柱状，褐色，具纵沟，花柱长约3.5cm，柱头5裂。蒴果圆柱形，长3.5～4cm，直径约4mm。花期3～6月，果期7～10月。

产地分布 分布于浙江、江西、福建、湖北、湖南、广东、广西、四川、贵州等地。南昌市产于安义、新建等县区。

价值评述 根和花蕾可入药，具祛风止痛、清热解毒、除湿活血等功效。枝繁叶茂，花大多姿，耐修剪，根桩奇特，可作绿化、盆景材料。

露珠碎米荠 *Cardamine circaeoides* Hook. f. et Thoms.　　　十字花科 **Brassicaceae**

识别要点　多年生草本；高达30cm。全株几无毛。根状茎细长，向下倾斜或匍匐生长。茎细弱，直立。叶全为单叶，膜质；基生叶有长柄，顶生小叶心形或卵状心形，长1.2～4cm，宽1.2～3.2cm，顶端钝或微凸，有细小短尖头，基部心形，边缘有浅波状圆齿，上面绿色，有时散生短柔毛，下面有时为紫色；茎生叶有柄，与基生叶相似，长2～5.2cm，宽1.4～4cm。总状花序花少数；花萼长椭圆形，边缘膜质；花瓣白色，狭长椭圆状楔形；雌蕊柱状，花柱短。长角果线形，长13～30mm，宽约1mm；果瓣于种子间下陷；果梗长4～5mm。种子淡褐色，椭圆形或长圆形，无翅。花、果期2～7月。

产地分布　分布于湖南、云南等地。南昌市产于新建区。

价值评述　其嫩茎、叶可食用，是一种重要的野菜资源。

落萼叶下珠 *Phyllanthus flexuosus* (Sieb. et Zucc.)muell. Arg　　叶下珠科 Phyllanthaceae

识别要点 落叶灌木；高达 3m。全株光滑无毛。小枝褐色。叶纸质，椭圆形至卵形，长 2~4.5cm，宽 1~2.5cm，叶背稍白绿色；侧脉每边 5~7 条；叶柄长 2~3mm；托叶卵状三角形，早落。雄花数朵和雌花 1 朵簇生于叶腋。雄花：花梗短；花萼 5 片，宽卵形或近圆形，暗紫红色；花盘具腺体 5 个；雄蕊 5 枚，花丝分离，花药 2 室，纵裂；花粉粒球形或近球形，具 3 条孔沟，沟细长，内孔圆形。雌花：花梗长约 1cm；花萼 6 片，卵形或椭圆形；花盘具腺体 6 个；子房卵圆形，花柱顶端 2 深裂。蒴果浆果状，扁球形，直径约 6mm，3 室，每室 1 颗种子，基部萼片脱落。花期 4~5 月，果期 6~9 月。

产地分布 分布于江苏、安徽、浙江、江西、福建、湖北、湖南、广东、广西、四川、贵州、云南等地。南昌市产于安义、新建、红谷滩、青云谱、青山湖、南昌、进贤等县区。

价值评述 全株可入药，具清热解毒、祛风除湿等功效。

马尾松 *Pinus massoniana* Lamb. 松科 Pinaceae

识别要点 常绿乔木；高可达30m。树皮红褐色，下部灰褐色，鳞状块片剥落。枝平展或斜展，树冠宽塔形或伞形。冬芽褐色，圆柱形，微反曲。针叶2针一束，极稀3针一束，长12～20cm，两面有气孔线；边生树脂道4～8个；叶鞘宿存，初时褐色，后变灰黑色。雄球花淡红褐色，弯垂，长1～1.5cm，呈穗状聚生于新枝下部苞腋；雌球花淡紫红色，单生或2～4个聚生于新枝近顶端。一年生小球果紫褐色，圆球形或卵圆形，径约2cm，上部珠鳞的鳞脐具向上直立的短刺，下部珠鳞的鳞脐平钝无刺。球果卵圆形或圆锥状卵圆形，长4～7cm，径2.5～4cm，有短梗，下垂，嫩时绿色，熟时栗褐色；鳞盾菱形，微隆起或平，横脊微明显，鳞脐微凹，无刺。种子长卵圆形，具长翅。花期4～5月，球果翌年10～12月成熟。

产地分布 分布于江苏、安徽、河南、陕西、福建、广东、台湾、四川、贵州、云南等地。南昌市广布。

价值评述 树干通直、材质优良、耐腐性强，常见用材树种；其生产的松脂可提炼松香、松节油等工业原料；松油脂、松香、叶、根、茎节、嫩叶等均可入药，具祛风除湿、活血祛瘀、止痛止血、杀虫止痒等功效。

毛豹皮樟 *Litsea coreana* var. *lanuginosa* (Migo) Yang et P.H.Huang　　樟科 Lauraceae

识别要点　常绿乔木；高8～15m。嫩枝、嫩叶两面、叶柄均有灰黄色长柔毛，叶背尤密。树皮灰色，呈小鳞片状剥落，脱落后呈鹿皮斑痕。革质叶互生，倒卵状椭圆形或倒卵状披针形，长4.5～9.5cm，宽1.4～4cm，侧脉每边7～10条，在两面微突起，网脉不明显；叶柄长1～2.2cm。伞形花序腋生，无总梗或有极短的总梗。果近球形；果托扁平，宿存有6裂花被裂片；果梗颇粗壮。

产地分布　分布于浙江、安徽、河南、江苏、福建、江西、湖南、湖北、四川、广东、广西、贵州、云南等地。南昌市产于安义县。

价值评述　根、叶入药，具祛风除湿、温中止痛、行气止痛等功效；鲜叶可作老鹰茶，具生津止渴、清热解毒等功效。

毛冬青 *Ilex pubescens* Hook. et Arn. 冬青科 Aquifoliaceae

识别要点　常绿灌木；高达4m。小枝、叶两面、叶柄、花序、花萼均被长硬毛。小枝纤细，近四棱形；顶芽通常发育不良或缺。叶纸质或膜质，椭圆形或长卵形，边缘具疏而尖的细锯齿或近全缘。花序簇生于一、二年生枝的叶腋内。雄聚伞花序分枝具花1～3朵；花4或5基数，粉红色；花萼盘状，5或6深裂，裂片卵状三角形，具缘毛；花冠辐状，花瓣4～6片，卵状长圆形或倒卵形，基部稍合生；退化雌蕊垫状，顶端具短喙；雌花序分枝具单花，稀具3朵花；花6～8基数；花萼盘状，6或7深裂，急尖；花冠辐状。果球形，熟时红色，干时具纵棱沟；宿存花萼平展，宿存柱头厚盘状或头状，花柱明显。分核5～7枚，椭圆体形，背面具纵宽的单沟及3条纹，内果皮革质或近木质。花期4～5月，果期8～11月。

产地分布　分布于福建、浙江、江苏、湖南、广东、广西、贵州等地。南昌市产于安义县。

价值评述　根、叶可入药，具清热解毒、活血通络等功效。四季常青，果熟时红若丹珠。优良的观赏、绿化树种。

毛花猕猴桃 *Actinidia eriantha* Benth.　　　　　猕猴桃科 Actinidiaceae

识别要点 大型落叶木质藤本；长达 10m。小枝、叶背、叶柄、花序、萼片和果密被乳白色或淡污黄色的绒毛或绵毛。小枝往往在当年分枝，二年生枝具皮屑状的毛被；髓白色，片层状。叶软纸质，卵形至阔卵形，长 8～16cm，宽 6～11cm，基部圆形至浅心形，边缘具硬尖小齿，腹面草绿色，背面粉绿色，侧脉 7～10 对，横脉发达，显著可见；叶柄短且粗。聚伞花序具 1～3 朵花；萼片淡绿色，瓢状阔卵形；花瓣倒卵形，顶端和边缘橙黄色，中央和基部桃红色；雄蕊极多，花丝浅红色，花药黄色；子房球形，密被白色绒毛。浆果柱状卵珠形，宿存萼片反折。花期 5～6 月，果期 11 月。

产地分布 分布于浙江、福建、江西、湖南、贵州、广西、广东等地。南昌市产于新建区。

价值评述 果可食用，维生素的含量很高，营养极为丰富；根、叶可入药，具解毒消肿、清热利湿、止血敛疮等功效。

米槠 *Castanopsis carlesii* (Hemsl.) Hayata

壳斗科 Fagaceae

识别要点 常绿乔木；高达20m。新生枝、嫩叶、序轴有红褐色片状蜡鳞，二、三年生枝黑褐色，皮孔甚多。叶披针形或卵状披针形，长6～12cm，宽1.5～3cm，顶部渐尖或渐稍尾尖，叶全缘或中部以上具浅齿，侧脉8～13对，在叶面微凹；叶柄基部增粗呈枕状，长不及1cm。雄圆锥花序近顶生。果序轴无毛，壳斗近球形或阔卵形，径1～1.5cm，疏被细疣状突起或顶部具尖刺，基部有时具短柄，不整齐开裂；坚果近圆球形或阔圆锥形，顶端短狭尖，顶部被疏伏毛，熟透时变无毛。花期3～6月，果翌年9～11月成熟。

产地分布 分布于浙江、贵州、福建、江苏、广东、广西、湖南等地。南昌市产于新建区。

价值评述 木材坚硬、耐腐，纹理通直，可作建筑及家具用材。树形高大、美观，可作为城乡绿化和防火树种。南昌市仅在新建区月亮湾有小片风水林，应加强保护。

密花孩儿草 *Rungia densiflora* H. S. Lo

识别要点 一年生草本；高20～50cm。小枝被白色皱曲柔毛。叶纸质，椭圆状卵形或卵形披针状卵形，长2～8.5cm，宽1～3cm，基部楔形或稍下沿，侧脉明显，在背面平扁；叶柄被柔毛。穗状花序顶生和腋生，长达3cm，密花，均为可育花；苞片4列，同形，匙形或倒卵形，具3脉，无干膜质边檐，有硬缘毛；小苞片2枚，倒卵形，有干膜质边檐和缘毛；萼长约4mm，深裂至基部，裂片5枚，线状披针形；花冠天蓝色，上唇直立，长三角形，先端2短裂，下唇长圆形，顶端3裂，中裂较小；雄蕊2枚，下方药室有白色矩。蒴果，长约6mm。花期8～11月，果期9～12月。

产地分布 分布于广东、江西、安徽、浙江等地。南昌市产于安义县。

价值评述 全草可入药，具清热解毒、活血化瘀等功效。花色艳丽，具有较高观赏价值。

南川柳 *Salix rosthornii* Seemen

识别要点 落叶灌木或乔木；高达15m。幼枝有毛，后脱落。叶披针形至长圆形，基部楔形，先端渐尖，两面无毛，上面亮绿色，下面浅绿色，边缘有整齐的腺锯齿；叶柄具短柔毛，上端或有腺点；托叶偏卵形，有腺锯齿，早落；萌枝上的托叶发达，肾形或偏心形。花与叶同期；雄花序长3.5~6cm，疏花；雄蕊3~6枚；苞片卵形；花具腹腺和背腺，常结合成多裂的盘状；雌花序长3~4cm，子房狭卵形，无毛，有长柄，花柱短，2裂；苞片同雄花；腺体2个，腹腺大，常抱柄，背腺有时不发育。蒴果卵形。花期3~4月，果期5月。

产地分布 分布于陕西、四川、贵州、湖北、湖南、江西、安徽、浙江等地。南昌市产于安义、新建、进贤等县区。

价值评述 极耐水淹，可作堤岸防护树种；枝繁叶茂，嫩叶红色，金黄色柔荑花序，别有风味，可作园林观赏树种。

南方红豆杉 *Taxus wallichiana* var.*mairei* (Lemee & H. Léveillé) L. K. Fu & Nan Li

红豆杉科 Taxaceae

识别要点 常绿乔木；高达25m。树皮红褐色或暗褐色，裂成条片脱落。芽鳞三角状卵形，脱落或少数宿存于小枝基部。叶排成2列，近镰刀形，长2～5cm，宽3～5mm；叶面深绿色，有光泽，叶背淡黄绿色，有两条气孔带。雄球花淡黄色，雄蕊8～14枚。种子生于杯状红色肉质的假种皮中间，或生于近膜质盘状的种托之上，呈卵圆形，长5～7mm，径3.5～5mm，上部常具二钝棱脊，先端有突起的短钝尖头，种脐近圆形或宽椭圆形。

产地分布 分布于安徽、浙江、台湾、福建、江西、广东、广西、湖南、湖北、河南、陕西、甘肃、四川、贵州、云南等地。南昌市产安义、新建等县区。

价值评述 材质坚硬，心材赤红，纹理致密，不翘不裂，耐腐力强，可供建筑和高级家具等用材；枝、叶、树皮含有紫杉醇，为高效、低毒、广谱的天然抗癌药物。国家一级重点保护野生植物，优良珍贵树种；列入《世界自然保护联盟濒危物种红色名录》濒危（EN）种。在南昌市多为人工种植，野生种群罕见，需加大保护力度。

南五味子 *Kadsura longipedunculata* Finet et Gagnep. 五味子科 Schisandraceae

识别要点 落叶木质藤本。叶长圆状披针形至卵状长圆形，长5～13cm，基部楔形，先端渐尖，有疏齿；叶面具淡褐色透明腺点。花单生于叶腋，雌雄异株；雄花花被片白色或淡黄色，8～17片，中轮最大1片，椭圆形；花托椭圆体形；雄蕊群球形，药隔与花丝连成扁四方形，花丝极短；雌花花被片与雄花相似，雌蕊群椭圆体形或球形，具雌蕊40～60枚；花柱具盾状心形的柱头冠，球形聚合果具胚珠3～5枚。聚合果球形；小浆果倒卵圆形，外果皮薄革质。种子2～5颗，肾形或肾状椭圆形。花期6～9月，果期9～12月。

产地分布 分布于江苏、安徽、浙江、江西、福建、湖北、湖南、广东、广西、四川、云南等地。南昌市产于安义、新建、进贤等县区。

价值评述 全株可入药，具行气活血、消肿敛肺等功效；茎、叶、果实可提取芳香油。聚合果红色鲜艳，可作园林垂直绿化树种。

南紫薇 *Lagerstroemia subcostata* Koehne　　　　　千屈菜科Lythraceae

识别要点　落叶灌木或乔木；高达14m。树皮灰白色或茶褐色。小枝无毛或稍被短硬毛。叶膜质，矩圆形或矩圆状披针形，基部阔楔形，先端渐尖，叶面无毛或散生柔毛，叶背无毛或仅中脉被短柔毛。圆锥花序顶生，具灰褐色微柔毛；花白色或玫瑰色；花萼有棱10～12条，5裂，裂片三角形；花瓣6片，有爪；雄蕊15～30枚，生于萼片或花瓣上；子房无毛，5～6室。蒴果椭圆形，裂成3～6瓣。种子具翅。花期6～8月，果期7～10月。

产地分布　分布于台湾、广东、广西、湖南、湖北、江西、福建、浙江、江苏、安徽、四川、青海等地。南昌市产于新建、南昌、进贤等县区。

价值评述　材质坚密，可作家具及建筑用材；花可药用，具去毒散瘀功效。其树皮光滑、斑驳，夏观花，秋赏叶，为优良园林绿化树种。

牛鼻栓 *Fortunearia sinensis* Rehd. et Wils.　　　　金缕梅科Hamamelidaceae

识别要点　落叶灌木或小乔木；高达5m。芽、苞片、小苞片、花梗具星状毛。枝上疏生皮孔，嫩时有灰褐色柔毛，老时秃净无毛；芽裸露。叶膜质，互生，倒卵形或倒卵状椭圆形，先端锐尖，基部圆形，稍偏斜；叶面深绿色，除中脉外秃净无毛，叶背浅绿色，脉上有长毛；侧脉6～10对，边缘有锯齿，齿尖稍向下弯；托叶细小，早落。花两性；总状花序顶生，花序柄、花序轴均有绒毛；苞片及小苞片披针形；萼筒无毛；萼齿卵形，先端有毛；花瓣狭披针形；雄蕊近无柄，花药卵形；子房略有毛，花柱反卷。蒴果木质，卵圆形，无毛，表面有白色皮孔。种子卵圆形，种皮坚硬，褐色有光泽，种脐马鞍形，略带白色。花期3～4月，果期7～8月。

产地分布　分布于陕西、河南、四川、湖北、安徽、江苏、江西、浙江等地。南昌市产于新建区。

价值评述　枝、叶或根可入药，具补气益气、止血止痛等功效。列入《世界自然保护联盟濒危物种红色名录》列为易危（VU）种。南昌市罕见，应加强保护。

牛奶菜 *Marsdenia sinensis* Hemsl.　　　　　　　　　夹竹桃科Apocynaceae

识别要点 粗壮木质藤本。全株被绒毛，叶对生，卵圆状心形，先端短渐尖，基部心形，上面被稀疏微毛，下面被黄色绒毛；侧脉5～6对，弧形上升，到边缘网结。二歧聚伞花序腋生，着花10～20朵；花萼内面基部有腺体十余个；花冠白色或淡黄色；副花冠短，高仅达雄蕊之半；柱头圆锥状，顶端2裂。果蓇葖纺锤状，向两端渐尖；种子卵圆形，扁平；种毛长约3.5cm。花期5～7月，果期8～10月.

产地分布 分布于浙江、江西、湖北、湖南、福建、广东、广西、四川等地。南昌市产于安义县。

价值评述 全草可入药，具补肾强筋、健脾益气等功效。

073

蓬莱葛 *Gardneria multiflora* Makino   马钱科Loganiaceae

识别要点 常绿木质藤本。枝条光滑无毛，叶痕明显。叶单叶对生，全缘，纸质至薄革质，披针形至宽椭圆形，两面无毛；侧脉每边6～10条，上面扁平，下面凸起；叶柄间托叶线明显。2～3歧聚伞花序腋生；花序梗基部有2枚三角形苞片；花梗基部具小苞片；花5数；花萼裂片半圆形；花冠黄色或黄白色，花冠管短，裂片厚肉质；雄蕊着生于花冠管内壁近基部，花药离生，基部2裂，4室；子房2室，每室有胚珠1枚，花柱顶端浅裂。浆果圆球状，有时顶端有宿存的花柱，成熟时红色。种子球形，黑色。花期3～7月，果期7～11月。

产地分布 分布于浙江、安徽、福建、河南、河北、湖南、广东、广西、贵州、云南、陕西、台湾等地。南昌市产于安义、新建等县区。

价值评述 根、叶可入药，具祛风通络、止血等功效。花色金黄，造型美观，可用作藤架绿化或盆栽观赏植物。

枇杷叶紫珠 *Callicarpa kochiana* Makino

识别要点 常绿灌木；高达4m。小枝、叶与花序密生黄褐色分枝绒毛。叶片椭圆形，先端渐尖，基部楔形，边缘有锯齿，上面脉上毛较密，背面密生黄褐色星状毛和分枝绒毛，两面被不明显的黄色腺点，侧脉10～18对，在叶背隆起。聚伞花序3～5次分歧；花序梗长1～2cm；花近无柄，密集于分枝的顶端；花萼管状，萼齿线形或为锐尖狭长三角形；花冠淡红色或紫红色；雄蕊伸出花冠管外；花柱长过雄蕊，柱头膨大。果实圆球形，几全部包藏于宿存的花萼内。花期7～8月，果期9～12月。

产地分布 分布于台湾、福建、广东、浙江、江西、湖南、河南等地。南昌市产于安义、新建、进贤等县区。

价值评述 叶、茎或根可入药，具祛风除湿、活血等功效；其叶和茎可提取芳香油，用于化妆品、香精等领域。枝繁叶茂、花繁果多，亦可作园林观果树种栽培。

荞麦叶大百合 *Cardiocrinum cathayanum* (Wilson) Stearn 　　百合科Liliaceae

识别要点 多年生草本；高50～150cm。除基生叶外，离小鳞茎基部约25cm处开始有茎生叶；叶纸质，具网状脉，卵状心形或卵形，先端急尖，基部近心形，叶柄基部宽。总状花序有花3～5朵；花梗短粗，向上斜伸，每朵花具1枚苞片；苞片矩圆形；花狭喇叭形，乳白色或淡绿色，内具紫色条纹；花被片条状倒披针形，外轮的先端急尖，内轮的先端稍钝；柱头膨大，微3裂。蒴果近球形，红棕色。种子扁平，红棕色，周围有膜质翅。花期7～8月，果期8～9月。

产地分布 分布于湖北、湖南、江西、浙江、安徽、江苏等地。南昌市产于新建区。

价值评述 鳞茎和果实具清热止咳、宽胸利气等

功效；鲜鳞茎中含有丰富的蛋白质、脂肪、纤维和碳水化合物，营养价值高。其株姿挺拔健美，基生叶莲座状，花序大型且洁白艳丽，带有淡淡的香气，极具观赏价值。国家二级重点保护野生植物；在南昌市罕见，应加强保护。

青冈 *Quercus glauca* Thunb.　　　　　　　　　　　　　**壳斗科Fagaceae**

识别要点　常绿乔木；高达20m。小枝无毛。叶革质，倒卵状椭圆形或长椭圆形，先端渐尖或短尾状，基部圆形或宽楔形，叶缘中部以上有疏锯齿，侧脉每边9～13条，叶面无毛，叶背有整齐平伏白色单毛，老时渐脱落，常有白色鳞秕。花单性，雌雄同株；雄花序为柔荑花序，下垂，花序轴被苍色绒毛。壳斗碗形，包着坚果1/3～1/2，具5～6条同心环带，环带全缘或有细缺刻，排列紧密。坚果卵形、长卵形或椭圆形，无毛或被薄毛，果脐平坦或微凸起。花期4～5月，果期10月。

产地分布　分布于陕西、甘肃、江苏、安徽、浙江、江西、福建、台湾、河南、湖北、湖南、广东、广西、四川、贵州、云南、西藏等地。南昌市产于安义、新建、进贤等县区。

价值评述　优良硬木树种，木材坚韧耐磨，适应性强，可广泛育苗营造优质用材林；种子富含淀粉，适合酿酒和制作酱油，煮熟后可直接食用或磨粉制作豆腐；树皮、壳斗可制栲胶。

青钱柳 *Cyclocarya paliurus* (Batal.) Iljinsk.　　　　　　胡桃科 Juglandaceae

识别要点　落叶乔木；高达30m。树皮灰色；枝条黑褐色；裸芽具柄，密被锈褐色盾状着生的腺体。奇数羽状复叶，具7～11枚小叶，基部歪斜；小叶纸质，互生，宽楔形或近圆，具锐锯齿。花雌雄同株；雌、雄花序均呈柔荑状；雄花序长7～18cm，常3条或一束生于总梗上，花序轴密被短柔毛及盾状着生的腺体；雌花柔荑花序单独顶生，在其下端常有一长约1cm被锈褐色毛的鳞片。果实扁球形，围有直径达2.5～6cm的圆盘状翅，具短柄，革质果翅，圆盘状，被有腺体，顶端具宿存花被片。花期4～5月，果期7～9月。

产地分布　分布于安徽、江苏、浙江、江西、福建、台湾、湖北、湖南、四川、贵州、广西、广东、云南等地。南昌市产于新建区。

价值评述　木材细致，为家具良材；皮、叶、根可入药，具杀虫止痒、消炎止痛、祛风等功效，初春嫩叶制成的保健茶，具降血压、降血糖、降血脂等功效，被誉为药用植物"第三棵树"；其树木高大挺拔，枝叶美丽多姿，果实像一串串铜钱，迎风摇曳，别具一格，颇具观赏性。

青榨槭 *Acer davidii* Franch.　　　　　　　　　　无患子科Sapindaceae

识别要点 落叶乔木；高达15m。树皮黑褐色或灰褐色，常纵裂呈蛇皮状。幼枝紫绿色或绿褐色，具皮孔。冬芽腋生，长卵圆形。叶对生，纸质，卵形或长卵形，先端渐尖，基部近于心形或圆形，边缘具不整齐的钝圆齿；主脉在上面显著，在下面凸起，侧脉11～12对。花黄绿色，雄花和两性花同株，呈下垂的总状花序，顶生于着叶的嫩枝；花萼5片，椭圆形；花瓣5片，倒卵形；雄蕊8枚，无毛，在雄花中略长于花瓣，在两性花中不发育，花药黄色，球形；花盘无毛；子房被红褐色的短柔毛，雄花中不发育。翅果熟后黄褐色，翅展开成钝角或几成水平。花期4月，果期9月。

产地分布 分布于天津、河北、山西、浙江、安徽、福建、河南、湖南、广西、广东、四川、贵州、西藏、陕西、甘肃等地。南昌市产于新建区。

价值评述 根、树皮可入药，具祛风除湿、散瘀止痛、消食健脾等功效；树皮纤维较长，含丹宁，可作工业原料。其生长迅速，树冠整齐，可用作绿化和造林树种。

秋海棠 *Begonia grandis* Dry.

秋海棠科 **Begoniaceae**

识别要点 多年生草本；高15～30cm。根状茎近球形，具密集而交织的细长纤维状根。茎直立高达60cm，有纵棱。叶互生，宽卵形至卵形，具长柄，叶片两侧不相等，长10～18cm，基部偏斜，边缘具不等大的三角形浅齿，齿尖带短芒，上面褐绿色，常有红晕，下面色淡，带紫红色，掌状脉7～9条，带紫红色。花莛有纵棱，无毛；花粉红色；苞片长圆形，早落；雄花花被片4枚，外面2枚宽卵形或近圆形，内面2枚倒卵形至倒卵长圆形；雄蕊多数，基部合生；雌花花被片3枚，外面2枚近圆形或扁圆形，内面1枚倒卵形，花柱3个，柱头常2裂或头状或肾状，外向膨大呈螺旋状扭曲，或"U"字形并带刺状乳头。蒴果下垂，长圆形，具不等3翅，大翅斜长圆形或三角长圆形。种子长圆形，小，淡褐色数极多。花期7月，果期8月。

产地分布 分布于河北、河南、山东、陕西、四川、贵州、广西、湖南、湖北、安徽、江西、浙江、福建等地。南昌市产于新建区。

价值评述 全草可入药，具健胃行血、消肿、驱虫等功效。花叶色彩靓丽，极具观赏价值。

日本蛇根草 *Ophiorrhiza japonica* Bl.

识别要点 多年生草本；高可达40cm。茎下部匍地生根，上部直立；枝密被柔毛。叶对生，纸质或膜质，卵形或卵状椭圆形，长通常4~8cm，两面无毛或上面有疏柔毛，下面脉被微柔毛，侧脉6~8对。聚伞花序顶生，二歧分枝，分枝短，有5~10朵花，花序梗长1~2cm，被柔毛；小苞片被毛，线形；花5数，具短梗；萼筒宽陀螺状球形，萼裂片三角形，开展；花冠白色或粉红色，近漏斗状，长达1.7cm，裂片内面被微柔毛；雄蕊5枚，花丝无毛；长柱花的柱头和短柱花的花药均内藏。蒴果菱形或近僧帽状。花期冬春，果期春夏。

产地分布 分布于陕西、四川、湖北、湖南、安徽、江西、浙江、福建、台湾、贵州、云南、广西、广东等地。南昌市产于新建区。

价值评述 全草可入药，具活血散瘀、祛痰、调经、止血等功效。其性耐阴，植株低矮，花朵小巧玲珑，具有一定的观赏价值，可用作地被植物栽培。

日本五月茶 *Antidesma japonicum* Sieb. et Zucc.   **叶下珠科 Phyllanthaceae**

识别要点 常绿灌木；高达5m。幼枝初被短柔毛，后变无毛。叶纸质至近革质，椭圆形、长椭圆形至长圆状披针形，长3.5～3cm，顶端常尾尖，基部楔形、钝或圆，叶脉上被短柔毛；侧脉每边5～10条，在叶面扁平，在叶背略凸起；叶柄被短柔毛至无毛；托叶线形，早落。总状花序顶生，长达10cm，不分枝或有少数分枝；雄花梗被疏微毛至无毛，基部具披针形的小苞片；花萼钟状，3～5裂，裂片卵状三角形，外面被疏短柔毛；雄蕊2～5枚，伸出花萼之外；花丝较长，花盘垫状；雌花花梗极短；花萼与雄花相似，但较小；子房卵圆形，花柱顶生，柱头2～3裂。核果椭圆形。花期4～6月，果期7～9月。

产地分布 分布于四川、湖北、湖南、安徽、江西、浙江、福建、广西、广东等地。南昌市产于安义、新建等县区。

价值评述 根、叶、果均可入药，具健胃、生津、活血、解毒等功效；种子含以亚麻酸为主的油脂，可食用。树形娇小美观，可培植用于观赏。

三尖杉 *Cephalotaxus fortunei* Hooker

红豆杉科 Taxaceae

识别要点 常绿乔木；高达10m。树皮褐色或红褐色，裂成片状脱落。叶排成两列，披针状条形，通常微弯，长多为5～10cm，中脉隆起，下面气孔带白色，较绿色边带宽3～5倍，绿色中脉带明显。雄球花8～10朵聚生成头状，总花梗粗，通常6～8mm，基部及总花梗上部有18～24枚苞片，每一雄球花有6～16枚雄蕊，花药3枚；雌球花的胚珠3～8枚发育成种子，总梗长1.5～2cm。种子椭圆状卵形或近圆球形，长约2.5cm，假种皮成熟时紫色或红紫色。花期4月，果期8～10月。

产地分布 分布于浙江、安徽、福建、江西、湖南、湖北、河南、陕西、甘肃、四川、云南、贵州、广西、广东等地。南昌市产于安义、新建等县区。

价值评述 木材黄褐色、纹理细致、材质坚实，可作家具和器具用材；种仁可榨油，供工业用；枝叶、种子、根可提取多种植物碱，具抗癌、活血、止痛等功效。其树姿优雅端庄，极具观赏价值。

山姜 *Alpinia japonica* (Thunb.)miq.　　　　姜科 Zingiberaceae

识别要点　多年生草本；高达70cm。具横生、分枝的根茎。叶片常2～5枚，披针形，倒披针形或狭长椭圆形，长25～40cm，两面被短柔毛，近无柄至具长达2cm的叶柄；叶舌2裂，被柔毛。总状花序顶生，长15～30cm，花序轴密生绒毛；花通常2朵聚生，在2朵花之间常有退化的小花残迹可见；花萼棒状，顶端3齿裂；花冠管被疏柔毛，裂片长圆形，后方的一枚兜状；侧生退化雄蕊线形；唇瓣卵形，白色而具红色脉纹，顶端2裂，边缘具不整齐缺刻。蒴果球形或椭圆形，被短柔毛，熟时橙红色，顶有宿存的萼筒。种子有樟脑味。花期4～8月，果期7～12月。

产地分布　分布于四川、重庆、贵州、云南、广西、广东、福建、江西、湖南、浙江、江苏、安徽等地。南昌市产于安义、新建等县区。

价值评述　根状茎入药，具理气通络、止痛等功效；花入药称山姜花，具调中下气、消食、解酒毒等功效；果实为土砂仁，具祛寒燥湿、温胃止呕等功效。其花果艳丽，观赏价值极高。

山罗花 *Melampyrum roseum* Maxim.　　　　　　　　　　列当科 Orobanchaceae

识别要点　一年生草本；高20～80cm。植株全体疏被鳞片状短毛，有时茎上还有2列柔毛。茎近于四棱形，高达80cm。叶柄长约5mm，叶片披针形至卵状披针形，基部圆钝或楔形，长2～8cm。苞叶绿色，仅基部具尖齿至整个边缘具刺毛状长齿。花萼常被糙毛，脉上常有柔毛，萼齿长三角形至钻状三角形，生有短睫毛；花冠紫色、紫红色或红色，长1.5～2cm，花冠筒长约檐部的2倍，上唇内面密被须毛。蒴果被鳞片状毛。花、果期6～10月。

产地分布　分布于东北、河北、山西、陕西、甘肃、河南、湖北、湖南、广东、广西、福建、江西等地。南昌市产于新建区。

价值评述　全草可入药，具清热解毒等功效。花色艳丽，可供观赏。

山血丹 *Ardisia lindleyana* D. Dietrich

识别要点 常绿灌木；高达45cm。茎被极细的微柔毛，后无毛，除侧生特殊花枝外，无分枝。叶片坚纸质或近革质，狭披针形或长圆状披针形，具微波状齿或全缘，边缘反卷，具腺点，腺点常生于齿尖；叶柄长5mm或较短，具狭翅。伞形花序，有花约7朵，被极细的微柔毛，着生于侧生特殊花枝顶端；花枝长5～11cm，顶端下弯，近顶端有1～2枚叶；花梗被疏微柔毛。浆果被柔毛，熟时深红色。花期5～7月，果期10～12月。

产地分布 分布于广西、广东、福建、海南、湖南、江西、云南、贵州、重庆等地。南昌市产于安义、新建等县区。

价值评述 根可入药，具活血调经、散瘀消肿、祛风止痛等功效。其果实深红，小巧精致，具有较高的观赏价值，可作盆栽。

商陆 *Phytolacca acinosa* Roxb.　　　　　　　　　商陆科 Phytolaccaceae

识别要点　多年生草本；高达 1.5m。全株无毛。根肥厚肉质，倒圆锥形。茎直立，有纵沟，肉质，绿色或红紫色，多分枝。叶片薄纸质，椭圆形、长椭圆形或披针状椭圆形，长 10～30cm，两面散生细小白色斑点；叶柄粗壮，上面有槽，下面半圆形，基部稍扁宽。总状花序顶生圆柱状直立，通常比叶短，密生多花；花序梗长 1～4cm，花梗基部的苞片线形，上部 2 枚小苞片线状披针形，均膜质；花两性；花被片 5 枚，白色、黄绿色，花后常反折；雄蕊 8～10 枚，花丝白色，钻形，宿存，花药粉红色；心皮分离，花柱直立，顶端下弯，柱头不明显。果序直立；浆果扁球形，熟时黑色。花期 5～8 月，果期 6～10 月。

产地分布　分布于安徽、福建、广东、广西、贵州、河北、河南、湖北、江苏、辽宁、陕西、山东、四川、台湾、西藏、云南、浙江等地。南昌市产于安义、新建、南昌、进贤等县区。

价值评述　果实含鞣质，可提制栲胶；根可入药，具解毒散结、化痰开窍、清热解毒等功效。

少花马蓝 *Strobilanthes oliganthus* Miq.

识别要点 多年生草本；高达50cm。茎基部节膨大膝曲，上面的四棱，具沟槽。叶片宽卵形至椭圆形，长4～10cm，顶端渐尖，基部宽楔形，边具疏锯齿，上面白色钟乳体密而明显。穗状花序头形，顶生或腋生；苞片叶状，外面的长约1.5cm，里面的较小；小苞片条状匙形，苞片与小苞片均被多节的白色柔毛；花冠漏斗状，花萼5裂，裂片先端钝，约与小苞片等长，花冠管圆柱形，稍弯曲，向上扩大成钟形，长2.5cm，冠檐裂片5枚，几相等；雄蕊4枚，2强，花丝基部有膜相连。蒴果长约1cm，近顶端有短柔毛。花期7～9月，果期10～11月。

产地分布 分布于福建、浙江、江苏、湖南、广东、广西、贵州等地。南昌市产于新建区。

价值评述 全草可入药，具疏散风热、活络、解毒等功效。

石南藤 *Piper wallichii* (Miq.) Hand.-Mazz.

识别要点 常绿木质藤本。枝被疏毛或脱落变无毛，有纵棱。叶硬纸质，椭圆形，长7～14cm，基部短狭或钝圆，两侧近相等；叶脉5～7条，网状脉明显；叶柄无毛或被疏毛；叶鞘长8～10mm。雌雄异株，花聚集成与叶对生的穗状花序。雄花序花期与叶片等长；总花梗与叶柄近等长或略长，无毛或被疏毛；花序轴被毛；苞片圆形，近无柄或具被毛的短柄，盾状；雄蕊2枚，间有3枚；雌花序比叶片短；总花梗远长于叶柄；子房离生，柱头3～4个，披针形。浆果球形，有疣状凸起。花期5～6月。

产地分布 分布于湖北、湖南、广西、贵州、云南、四川、甘肃等地。南昌市产于新建、安义等县区。

价值评述 全株可入药，具祛风寒、强腰膝、补肾壮阳等功效；其内含物主要有木脂素类及新木脂素类，具降低血管阻力、抗氧化、保护肝损伤等功效。全株具浓烈的芳香味，果实橙黄色，适宜岩石、墙面绿化。

石松 *Lycopodium japonicum* Thunb. ex Murray

石松科 Lycopodiaceae

识别要点 多年生草本。匍匐茎地上生，细长横走，2～3回分叉，绿色，被稀疏的叶；侧枝直立，多回二叉分枝，稀疏，压扁状（幼枝圆柱状），枝连叶直径5～10mm。叶螺旋状排列，密集，上斜，披针形或线状披针形，无柄。孢子囊穗（3）4～8个集生于总柄，总柄上苞片螺旋状稀疏着生，薄草质，形状如叶片；孢子囊穗不等位着生，直立，圆柱形，具长小柄；孢子叶阔卵形，长2.5～3.5mm，先端具芒状长尖头，边缘膜质，啮蚀状，纸质；孢子囊生于孢子叶腋，略外露，圆肾形，黄色。

产地分布 分布于全国除东北、华北地区以外的其他各地。南昌市产于安义、新建、进贤等县区。

价值评述 全草可入药，具祛风散寒、舒筋活血、祛湿解毒、利尿通经等功效；孢子粉可用于冶金和国防工业。可作地被绿化观赏植物。

疏花卫矛 *Euonymus laxiflorus* Champ. ex Benth.

卫矛科 Celastraceae

识别要点 常绿灌木；高达4m。叶对生，纸质或近革质，卵状椭圆形、长方椭圆形或窄椭圆形，全缘或具不明显的锯齿，侧脉少而疏；叶柄长3～5mm。聚伞花序分枝疏松，5～9朵花；花紫色，5数；萼片边缘常具紫色短睫毛；花瓣长圆形，基部窄；花盘5浅裂，裂片钝；雄蕊无花丝，花药顶裂；子房无花柱，柱头圆。蒴果紫红色，倒圆锥状，先端稍平截。种子长圆状，枣红色，假种皮橙红色，浅杯状包围种子基部。花期3～6月，果期7～11月。

产地分布 分布于台湾、福建、江西、湖南、香港、广东、广西、贵州、云南等地。南昌市产于安义县。

价值评述 根入药，具祛风湿、强筋骨、活血解毒、利水等功效。果实艳丽，可作园林绿化树种。

四照花 *Cornus kousa* subsp. *chinensis* (Osborn) Q. Y. Xiang 　　山茱萸科 Cornaceae

识别要点 落叶小乔木；高 8～10m。小枝、叶两面、叶柄、总花梗、萼裂片及花柱均被毛。小枝纤细。叶对生，厚纸质，椭圆状披针形或卵状披针形，先端长渐尖，基部宽楔形，边缘全缘或有明显的细齿，上面绿色，下面淡绿色，侧脉 4～5 对。头状花序球形，顶生；总苞片 4 枚，白色，卵形或卵状披针形，先端渐尖，两面近于无毛；总花梗纤细；花萼管状，上部 4 裂，裂片钝圆形或钝尖形；花盘垫状；子房下位，花柱密被白色粗毛。聚花果球形，成熟时红色，微被白色细毛。花期 4～5 月，果期 9～10 月。

产地分布 分布于福建、浙江、江苏、湖南、广东、广西、贵州等地。南昌市产于新建区。

价值评述 木材红褐色、坚硬、纹理细致、经久耐用，可作建筑和精雕材料；花、果药用，具清热解毒、收敛止血等功效；聚花果可鲜食、酿酒、制醋。白花繁盛，果实艳丽，具有较高观赏价值，可作园林绿化树种栽培。

桃叶石楠 *Photinia prunifolia* (Hook. et Arn.) Lindl. 蔷薇科 Rosaceae

识别要点 常绿乔木；高达20m。小枝无毛，灰黑色，具黄褐色皮孔。叶革质，长圆形或长圆披针形，先端渐尖，基部圆形至宽楔形，边缘有密生具腺的细锯齿，上面光亮，下面满布黑色腺点，两面无毛；叶柄无毛，长1～2.5cm，具多数腺体，有时有锯齿。顶生复伞房花序，总花梗、花梗及萼筒外面微被长柔毛；萼片三角形，内面微有绒毛；花瓣白色，倒卵形，基部有绒毛；雄蕊20枚，与花瓣等长或稍长；花柱2（～3）个，离生，子房顶端有毛。梨果椭圆形，熟时红色，内有2（～3）颗种子。花期3～4月，果期10～11月。

产地分布 分布于广东、广西、福建、浙江、江西、湖南、贵州、云南等地。南昌市产于新建、进贤等县区。

价值评述 叶入药，具祛风湿、强筋骨、益肾气等功效。其嫩叶和果实均鲜红色，极具观赏价值，可作园林绿化树种。

天南星 *Arisaema heterophyllum* Blume ……… 天南星科 Araceae

识别要点 多年生草本；高达1m。块茎扁球形。鳞叶4～5枚；叶鸟足状分裂，裂片13～19枚，倒披针形、长圆形或线状长圆形，全缘，中裂片无柄或具长1.5cm的柄，侧裂片向外渐小，排成蝎尾状；叶柄下部鞘筒状。花序梗长30～55cm；佛焰苞管部圆柱形，檐部卵形或卵状披针形，下弯近盔状，先端骤窄渐尖；肉穗花序两性和雄花序单性；两性花序下部雌花序长1～2.2cm，上部雄花序长1.5～3.2cm；单性雄花序长3～5cm；花序附属器苍白色，至佛焰苞喉部上升；雌花球形，花柱明显；雄花具梗，花药白色。浆果圆柱形。花期4～5月，果期7～9月。

产地分布 除西北地区和西藏外，大部分地区都有分布。南昌市产于安义、新建等县区。

价值评述 块茎入药，具燥湿化痰、祛风止痉、散结消肿等功效；亦可制成乙醇、糊料。

铁冬青 *Ilex rotunda* Thunb.　　　　　　冬青科 Aquifoliaceae

识别要点　常绿灌木或乔木；高达20m。树皮淡灰色。小枝红褐色，光滑无毛，较老枝具纵裂缝。顶芽小，圆锥形。叶仅见于当年生枝上，薄革质或纸质，椭圆形、卵形或倒卵形，全缘，稍反卷，上面有光泽，主脉在叶面凹陷，背面隆起；托叶早落。聚伞花序或伞形状花序生叶腋，花白色，雌雄异株，雄花4数，雌花5～7枚。核果熟时红色，近球形；分核5～7枚，背部有3纵棱和2浅槽，内果皮近木质。花期4月，果期8～12月。

产地分布　分布于江苏、安徽、浙江、江西、福建、台湾、湖北、湖南、广东、香港、广西、海南、贵州、云南等地。南昌市产于南昌、进贤等县区。

价值评述　木材可作细工用材；枝叶可作造纸糊料原料；树皮可提制染料和栲胶；根、叶入药，具凉血散血、消炎解毒，消肿镇痛等功效；树皮可止血。红果繁多且艳丽，为优良观果树种。

识别要点　多年生草本；高10～40cm。根状茎圆柱状，粗约1cm，直生。叶线形或披针形，宽0.5～2.5cm，先端长渐尖，两面被疏柔毛或无毛。花茎长6～7cm，大部包于鞘状叶柄内，被柔毛；苞片披针形，具缘毛；总状花序稍伞房状，具4～6朵花；花黄色；花被片长圆状披针形；雄蕊长约花被片1/2，花丝长1.5～2.5mm，花药长2～4mm；柱头3裂，裂片比花柱长，子房窄长，顶端具长达2.5cm的喙，被疏毛。浆果近纺锤状，长1.2～1.5cm，径约6mm。花、果期4～9月。

产地分布　分布于浙江、江西、福建、台湾、湖南、广东、广西、四川、云南、贵州等地。南昌市产于新建区等。

价值评述　根茎可入药，具补肾阳、强筋骨、祛寒湿等功效。

显脉香茶菜 *Isodon nervosus* (Hemsley) Kudo 唇形科 Lamiaceae

识别要点 多年生草本；高达1m。叶上面、幼茎、苞片、花萼、萼齿及坚果均被柔毛。叶披针形，长3.5～13cm，宽1～2cm，先端长渐尖，基部楔形，具粗浅齿，侧脉4～5对，两面隆起；叶柄长0.2～1cm，上部叶无柄。顶生圆锥花序，疏散；苞片窄披针形。花萼淡紫色，钟形，长约1.5mm，萼齿披针形，锐尖；花冠蓝或紫色，冠筒长3～4mm；雄蕊及花柱伸出。小坚果卵球形，长1～1.5mm。花期7～10月，果期8～11月。

产地分布 分布于陕西、河南、湖北、江苏、浙江、安徽、江西、广东、广西、贵州、四川等地。南昌市产于安义县。

价值评述 全草可入药，具清热利湿、解毒等功效。

线蕨 *Leptochilus ellipticus* (Thunb.) Noot.　　　　　　　水龙骨科Polypodiaceae

识别要点　多年生草本；高达60cm。根状茎长横走，密生鳞片，根密生；鳞片褐棕色，卵状披针形，有疏锯齿。叶疏生，近二型；禾秆色，基部密生鳞片，向上光滑；叶片长圆状卵形或卵状披针形，顶端圆钝，一回羽裂深达叶轴；羽片或裂片3～11对，对生或近对生；能育叶和不育叶近同形，叶柄较长，羽片较窄；叶纸质，两面无毛。孢子囊群线形，斜展，在每对侧脉间各排列成1行，伸达叶缘；无囊群盖；孢子极面观椭圆形，赤道面观肾形，单裂缝，表面光滑。

产地分布　分布于江苏、安徽、浙江、江西、福建、湖南、广东、海南、香港、广西、贵州、云南等地。南昌市产于新建区。

价值评述　全草入药，有清热利尿、消肿祛瘀等功效。其性耐阴，株形秀气，为良好的林下、林缘地被植物，宜可作盆栽观赏。

香果树 *Emmenopterys henryi* Oliv.　　　　　　　　茜草科 Rubiaceae

识别要点　落叶乔木；高达30m。叶宽椭圆形、宽卵形或卵状椭圆形，脉腋常有簇毛；托叶三角状卵形，早落。花芳香；萼筒长约4mm，萼裂片近圆形，叶状萼裂片白色、淡红色或淡黄色，纸质或革质，匙状卵形或宽椭圆形，长1.5～8cm，有纵脉数条；花冠漏斗形，白或黄色，被黄白色绒毛，裂片近圆形，覆瓦状排列；花丝被绒毛。蒴果长圆状卵形或近纺锤形，有纵棱。种子小而有宽翅。花期6～8月，果期8～11月。

产地分布　分布于陕西、甘肃、江苏、安徽、浙江、江西、福建、河南、湖北、湖南、广西、四川、贵州、云南等地。南昌市产于新建区。

价值评述　木材纹理直，结构细，可供制家具和建筑用；树形高大，花色艳丽，可作庭院观赏树种。香果树为中国特有单种属植物，对研究茜草科系统进化具科研价值。国家二级重点保护野生植物。南昌市内罕见，应加大保护力度。

香楠 *Aidia canthioides* (Champ. ex Benth.) Masam. 　　　茜草科 Rubiaceae

识别要点　常绿灌木或乔木；高达12m。叶纸质或薄革质，长圆状椭圆形、长圆状披针形或披针形，先端渐尖或尾尖，基部宽楔形或稍圆，两面无毛，下面脉腋有小窝孔，侧脉3～7对，叶背明显；叶柄长0.5～1.8cm，托叶宽三角形。聚伞花序腋生，花数朵至十余朵，花序梗极短或近无；苞片和小苞片基部合成杯状体；花梗无毛；花萼被紧贴锈色疏柔毛，萼管陀螺形，顶端5裂；花冠高脚碟状，白色或黄白色，冠筒裂片5枚，长圆形，花时外反；子房2室，柱头纺锤形，有槽纹。浆果球形，有紧贴锈色疏毛或无毛，顶端有环状萼檐残迹，果柄长0.5～1.7cm。花期4～6月，果期5月至翌年2月。

产地分布　分布于福建、台湾、广东、香港、广西、海南、云南等地。南昌市产于安义、新建等县区。

价值评述　木材轻软密致，富弹性，可作建筑材料。树形优美，叶常绿，可作园林绿化观赏树种。

湘楠 *Phoebe hunanensis* Hand.-Mazz. 　　　樟科 Lauraceae

识别要点　常绿小乔木或灌木；高达8m。小枝有棱。叶倒宽披针形，先端短渐尖，基部楔形或窄楔形，幼叶下面被平伏银白色绢状毛，老叶两面无毛或下面稍被平伏柔毛，苍白色或被白粉，中脉粗，上面凹下，叶背明显突起，侧脉6～14对。花序生当年生枝上部，近总状或上部分枝；花被片外面无毛或上部疏被柔毛，内面被柔毛；子房扁球形，柱头帽状。核果卵形，果柄稍粗；宿存花被片松散。花期5～6月，果期8～9月。

产地分布　分布于甘肃、陕西、江西、江苏、湖北、湖南、贵州等地。南昌市产于安义、新建等县区。

价值评述　木材坚实耐腐，不翘不裂，为优良家具用材。叶片光亮、树冠宽阔，可作园林绿化景观树种。

小果珍珠花 *Lyonia ovalifolia* var. *elliptica* (Sieb.et Zucc.) Hand.-Mazz 杜鹃花科 Ericaceae

识别要点 落叶灌木或小乔木；高达5m。幼枝有微毛，后脱落。叶薄纸质，卵形至卵状椭圆形，顶端渐尖或锐尖，基部圆形至心形，全缘。总状花序生老枝叶腋，长3～8cm，稍有微毛，下部常有数小叶；萼片三角状卵形，长约2mm；花冠白色，形似坛状，长约8mm，5浅裂；雄蕊10枚，无芒状附属物，顶孔开裂；子房4～5室，有毛。蒴果扁球形，径约3mm，无毛。花期6月，果期10月。

产地分布 分布于陕西、江苏、安徽、浙江、江西、福建、台湾、湖北、湖南、广东、广西、四川、贵州、云南等地。南昌市产于安义、新建等县区。

价值评述 根、枝、叶、果均可入药，具补脾益肾、活血强筋等功效。花雅致密集，似倒挂的风铃，观赏性佳，可作园林绿化观赏树种。

小叶青冈 *Quercus myrsinifolia* Blume   壳斗科Fagaceae

识别要点 常绿乔木；高达20m。小枝无毛，被凸起淡褐色长圆形皮孔。叶卵状披针形或椭圆状披针形，长6～11cm，宽1.8～4cm，顶端长渐尖或短尾状，基部楔形或近圆形，叶缘中部以上有细锯齿，侧脉每边9～14条，常不达叶缘，叶面绿色，叶背粉白色；叶柄长1～2cm。雄花序长4～6cm；雌花序长1.5～3cm。壳斗杯形，包着坚果的1/3～1/2，内壁无毛，外壁被灰白色细柔毛；小苞片合生成6～9条同心圆环带，全缘；坚果卵形或椭圆形，径1～1.5cm，无毛，顶端圆，柱座明显，有5～6条环纹；果脐平坦，径约6mm。花期6月，果期10月。

产地分布 分布于陕西、河南、福建、台湾、广东、广西、四川、贵州、云南等地。南昌市产于安义、新建、进贤等县区。

价值评述 种仁入药，具涩肠止泻、生津止渴等功效；树皮、叶具止血、敛疮等功效；木材坚硬，可作建筑或家具用材，为优良硬木树种；种仁富含淀粉，加工处理后可食用或酿酒，也可作饲料；树皮可提取栲胶。树形优美，四季常绿，可作园林绿化配置树种。

斜方复叶耳蕨 *Arachniodes amabilis* (Blume) Tindale　　　　鳞毛蕨科 Dryopteridaceae

识别要点　多年生草本；高达80cm。根状茎匍匐。鳞片浅棕色，披针形或线状披针形，薄而软。叶纸质，长卵形，顶生羽状羽片长尾状，二回羽状，基部三回羽状；侧生羽片3~6对，互生，具柄，斜展，基部1对最大，具小羽片16~22对；末回小羽片7~12对，菱状椭圆形，上端边缘具芒刺的锐锯齿；第2对羽片具小羽片14~20对，斜方形或菱状椭圆形，基部不对称，上侧截形并为耳状凸起，边缘具芒刺的锐锯齿，下侧斜切；叶干后薄纸质，褐绿色；叶柄禾秆色。孢子囊群生于小脉顶端，常上侧边1行，下侧边半行，囊群盖棕色，膜质，边缘有睫毛，后脱落。

产地分布　分布于安徽、重庆、福建、广东、广西、贵州、湖北、湖南、江苏、江西、四川、台湾、云南、浙江等地。南昌市产于安义、新建等县区。

价值评述　根茎可入药，具祛风止痛、益肺止咳等功效。其羽状复叶造型独特，叶色季节多变，可作园林绿化或室内装饰造景材料。

杏香兔儿风 *Ainsliaea fragrans* Champ.　　　　菊科 Asteraceae

识别要点　多年生草本；高达60cm。具匍匐状短根状茎，被褐色绒毛，具簇生须根。茎直立，被褐色长柔毛，不分枝。叶聚生于茎基部，莲座状或假轮生，厚纸质，卵状矩圆形，顶端圆钝或中脉延伸具1个小凸尖头，基部深心形，全缘或具疏短刺状齿，具缘毛，叶表绿色无毛或疏被毛，叶背有时紫红色，被棕色长毛；基出脉5条，在叶背凸起；叶柄较长，密被长柔毛。头状花序多数，于花葶顶排成总状；总苞圆筒状，径约3.5mm；总苞片5层，外层较短，卵形，中层椭圆形，内层披针形；花筒状，白色，稍有杏仁气味。瘦果棒状圆柱形，栗褐色，略扁平，被8条纵棱和密集长柔毛；冠毛羽状。花期11~12月。

产地分布　分布于台湾、福建、浙江、安徽、江苏、江西、湖北、四川、湖南、广东、广西等地。南昌市产于安义、新建、进贤等县区。

价值评述　全草可入药，具清热补虚、凉血止血、利湿解毒等功效。叶似兔耳，花开时味似杏仁香，可作园林绿化和室内装饰造景材料。

血见愁 *Teucrium viscidum* Bl.   唇形科 Lamiaceae

识别要点 多年生草本；高达70cm。茎下部近无毛，上部具腺毛及短柔毛。叶卵形或卵状长圆形，基部圆形、宽楔形至楔形，下延，边缘具重圆齿，两面近无毛或疏被柔毛；叶柄近无毛。花序、花梗、花萼均密被腺毛；假穗状花序生于茎枝上部，轮伞花序具2朵花，苞片披针形；花梗极短；花萼钟形，上唇3齿卵状三角形，下唇2齿三角形；花冠白色、淡红色或淡紫色，中裂片圆形，侧裂片卵状三角形；雄蕊伸出，花柱与其等长；花盘盘状，浅裂4；子房顶端被泡状毛。小坚果扁球形，熟时黄棕色，长1.3mm。花期6~11月。

产地分布 分布于江苏、浙江、福建、台湾、江西、湖南、广东、广西、云南、四川、西藏等地。南昌市产于安义、新建、进贤等县区。

价值评述 全草可入药，具凉血止血、解毒消肿等功效。

药百合 *Lilium speciosum* var. *gloriosoides* Baker 百合科 Liliaceae

识别要点 多年生草本；高达120cm。鳞片宽披针形，长2cm，宽1.2cm，白色。茎无毛。叶散生，宽披针形至卵状披针形，先端渐尖，基部渐狭或近圆形，具3～5脉，两面无毛，边缘具小乳头状突起，短柄长约5mm。总状花序或近伞形花序；苞片叶状，卵形；花梗长达11cm，花下垂，花被片反卷，边缘波状，白色，下部1/3～1/2有紫红色斑块和斑点，蜜腺两边有红色流苏状突起和乳头状突起；雄蕊张开，花丝长约6cm，花药长约1.5cm；子房圆柱形，长约1.5cm。蒴果近球形，宽3cm，淡褐色，熟时果梗膨大。花期7～8月，果期10月。

产地分布 分布于安徽、江西、浙江、湖南、广西等地。南昌市产于新建区。

价值评述 花和鳞茎入药，具润肺、清火、安神的作用；花朵可作香料、化妆品原料。花朵形态优雅，色彩丰富，观赏性佳，药百合可作园林绿化和室内装饰植物。

识别要点 落叶灌木；高达 1.5m。分枝密，常具细刺，小枝具棱，一年生枝紫褐色，老枝灰褐色，散生长圆形皮孔。叶宽倒卵形至倒卵状长圆形，先端急尖，基部楔形，下延连于叶柄，叶缘具不规则重锯齿，先端有3或稀5~7浅裂，叶背疏生柔毛，沿叶脉较密，后脱落；叶柄两侧有翼，托叶草质，镰刀状，有齿。伞房花序，具花5~7朵，总花梗、花梗、花萼均被柔毛；苞片披针形，条裂或有锯齿；萼筒钟状；花瓣白色，近圆形或倒卵形，基部有短爪；雄蕊20枚，花药红色；花柱4~5个，基部被绒毛。果近球形或扁球形，径约1cm，熟时红色或黄色，常有宿存反折萼片或1枚苞片。花期5~6月，果期9~11月。

产地分布 分布于河南、湖北、江西、湖南、安徽、江苏、浙江、云南、贵州、广东、广西、福建等地。南昌市产于安义、新建、红谷滩、南昌、进贤等县区。

价值评述 可入药部位众多，功效丰富；果实具健脾消食、活血化瘀等功效；种子具散结、消食、催生等功效；花、叶具降压、止痒、敛疮等功效；木材有祛风燥湿，止痒等功效；根具消积和胃、祛风、止血、消肿等功效。果也可加工成食品。

夜香牛 *Cyanthillium cinereum* (L.) H. Rob.　　　　　菊科 Asteraceae

识别要点 一年生草本；高达1m。枝、叶、花冠、果实均具腺点和短毛。茎上部分枝，被灰色贴生柔毛。中下部叶具柄，菱状卵形至卵形，基部渐狭成具翅的柄，边缘有具小尖的疏锯齿，侧脉3～4对，叶表被疏短毛，叶背沿脉被灰白色或淡黄色短柔毛；上部叶渐尖，狭长圆状披针形或线形，近无柄。头状花序，具花19～23朵，花序梗细长，被密短柔毛；总苞钟状，4层；花淡红紫色，花冠管状，被疏短微毛，上部稍扩大，裂片线状披针形，顶端外面被短微毛。瘦果圆柱形，被密短毛；冠毛白色，2层，宿存。花期全年。

产地分布 分布于浙江、江西、福建、台湾、湖北、湖南、广东、广西、云南和四川等地。南昌市产于新建区。

价值评述 全株可入药，具疏风清热、除湿、解毒等功效。花期长，色彩鲜艳，可作观赏植物用于园林绿化。

永瓣藤 *Monimopetalum chinense* Rehd.　　　　　　卫矛科 Celastraceae

识别要点　落叶或半常绿灌木；高达6m。小枝略具四棱，基部常宿存多数芽鳞。叶互生，纸质，卵形至椭圆形，先端渐尖，基部圆形或阔楔形，具浅细锯齿，侧脉4～5对；叶柄细长，托叶细丝状，宿存。聚伞花序2～3次分枝；苞片及小苞片锥形，宿存，具长流苏状细齿。花淡绿色，径3～4mm；花萼4浅裂；花瓣4片；雄蕊4枚，生于圆形花盘近边缘处，无花丝；子房大部与花盘合生，4室，每室具胚珠2枚，花柱近无。蒴果4深裂至果基部，常仅2室成熟，下有4片增大花被。种子黑色，基部有细小环状假种皮。花期5～10月，果期6～11月。

产地分布　分布于安徽、江西等地。南昌市产于安义等县区。

价值评述　国家二级重点保护野生植物；中国特有的单种属植物，对研究卫矛科系统发育及地理分布有科学价值。南昌市内罕见，分布范围狭窄，应有效地保护其生境。

油点草 *Tricyrtis macropoda* Miq.

识别要点 多年生草本；高达1m。茎上部、叶缘、花序轴、花梗具短糙毛。叶卵状椭圆形、矩圆形至矩圆状披针形，两面疏生短糙伏毛，基部心形抱茎或圆形而近无柄。二歧聚伞花序，花序轴和花梗间生有细腺毛；花疏散；花被片绿白色或白色，内面具多数紫红色斑点，卵状椭圆形至披针形，开放后自中下部向下反折；外轮3片较内轮宽，在基部向下延伸呈囊状；雄蕊与花被片约等长，花丝中上部向外弯垂，具紫色斑点；柱头稍高出雄蕊或有时近等高，3裂，每裂片上端又2深裂，密生腺毛。蒴果直立，有棱。花、果期6～10月。

产地分布 分布于浙江、江西、福建、安徽、江苏、湖南、广东、广西和贵州等地。南昌市产于安义、新建等县区。

价值评述 全草可入药，具补肺、止咳等功效。花、叶美丽，可作观赏植物栽培。

俞藤 *Yua thomsonii* (M. A. Lawson) C. L. Li　　　　葡萄科Vitaceae

识别要点　木质藤本。小枝圆柱形，褐色，嫩枝略有棱纹。卷须二叉分枝，相隔2节间断与叶对生。叶为掌状5小叶，草质，小叶披针形或卵状披针形，边缘上半部每侧有4～7个细锐锯齿，叶面无毛，叶背脉上或被稀疏短柔毛，被白色粉霜，网脉突出不明显；小叶柄长2～10cm，侧生小叶有时近无柄。复二歧聚伞花序，与叶对生；萼碟形，全缘；花瓣5片，稀4片，花蕾时黏合，以后展开脱落；雄蕊5枚，稀4枚；花柱细，柱头不明显扩大。浆果近球形，熟时紫黑色。花期5～6月，果期7～9月。

产地分布　分布于安徽、江苏、浙江、江西、湖北、广西、贵州、湖南、福建和四川等地。南昌市产于安义、新建等县区。

价值评述　藤茎与根可入药，具祛风除湿、解毒消肿等功效；果味淡甜，可食用。攀绿覆盖率高，可作垂直绿化。

玉簪 *Hosta plantaginea* (Lam.) Aschers.　　　　　　　　天门冬科 Asparagaceae

识别要点　多年生草本；肉质根状茎粗厚。叶基生，卵状心形、卵形或卵圆形，先端近渐尖，基部心形，侧脉 6～10 对；叶柄长 20～40cm。花莛直立，高 40～80cm，具十余朵花，外苞片卵形或披针形，内苞片小；花白色，芳香；花梗长约 1cm；雄蕊与花被近等长或略短，基部有 1.5～2cm 与花被管贴生。蒴果圆柱状，有 3 棱。花、果期 8～10 月。

产地分布　分布于四川、湖北，湖南、江苏、安徽、浙江、福建和广东等地。南昌市全市广泛栽培。

价值评述　花、根茎可入药，具清热解毒、利水、通经等功效，但有毒，慎用。姿态美丽，花朵芬芳，可作园林绿化中林下地被或盆栽观赏。

早落通泉草 *Mazus caducifer* Hance

识别要点 多年生草本；高达50cm。全株被白色长柔毛。主根短缩，须根簇生。茎近基部木质化。基生叶倒卵状匙形，多呈莲座状，常早枯落；茎生叶卵状匙形，纸质，对生，基部渐窄成带翅柄，具粗锯齿，有时浅裂。总状花序顶生，花稀疏；花梗较花萼等长或略长；苞片早枯；花萼漏斗状，萼齿与筒部近等长，卵状披针形；花冠淡蓝紫色，较萼长2倍，上唇裂片锐尖，下唇中裂片突出，较侧裂片小；子房被毛。蒴果球形。种子棕褐色，小而多。花期4～5月，果期6～8月。

产地分布 分布于安徽、浙江、江西等地。南昌市产于安义、新建、南昌等县区。

价值评述 全草入药，具清热解毒、利湿通淋、健脾消积等功效。花朵小巧，淡蓝紫色，观赏性高，可作为地被植物栽培。

浙江凤仙花 *Impatiens chekiangensis* Y. L. Chen

凤仙花科 **Balsaminaceae**

识别要点 一年生草本；高达50cm。茎直立，下部节膨大，纤维状根少数。叶互生，具柄，下部叶在花期凋落，中部和上部叶片卵状长圆形，膜质，顶端短渐尖，基部楔形，具柄腺体2～3对，边缘有圆齿状齿，齿端具小尖，侧脉5～7对；最上部叶小而密集，具短叶柄。总花梗单生于叶腋，具2～3朵花，近叉状；花梗基部苞片宿存；花粉紫色，侧生萼片2枚；旗瓣近圆形，有明显龙骨状突起，具内弯的喙尖；翼瓣近无柄，2裂；唇瓣狭漏斗状，口部斜上，端具小尖，基部渐狭，长20～25mm内弯的距；雄蕊5枚。子房线形，具短喙尖。蒴果纺锤形，顶端长喙尖。花、果期5～10月。

产地分布 分布于浙江、江西等地。南昌市产于安义等县区。

价值评述 粉紫色花朵与独特的造型极具观赏性，可作盆景花境栽培。

浙江新木姜子 *Neolitsea aurata* var. *chekiangensis* (Nakai) Yang et P.H.Huang　樟科 Lauraceae

识别要点　常绿乔木；高达14m。小枝灰绿色，被易脱落的锈褐色绢状毛。叶互生或近枝顶集生，叶片革质至薄革质，披针形、倒披针形，较狭窄，先端渐尖至尾尖，基部楔形，下面幼时薄被棕黄色丝状毛，后脱落近无毛，有白粉，离基三出脉，中脉上部有几对稀疏不明显的羽状侧脉；叶柄通常被黄锈色短柔毛。伞形花序簇生于二年生小枝叶腋；花黄绿色。核果椭圆形至卵形，熟时紫黑色，有光泽。花期2~3月，果期9~10月。

产地分布　分布于浙江、安徽、江苏、江西和福建等地。南昌市产于安义县。

价值评述　根、树皮可入药，具行气止痛、利水消肿等功效；果核可榨油，供制肥皂和润滑油。

珍珠莲 *Ficus sarmentosa* var. *henryi* (King et Oliv.) Corner　桑科 Moraceae

识别要点　常绿木质藤本。幼枝、叶背、果实密被褐色长柔毛。叶革质，卵状椭圆形，先端渐尖，基部圆形至楔形，叶面无毛，基生侧脉延长，侧脉5~7对，小脉网结成蜂窝状；叶柄被毛。隐头花序腋生。隐花果成对腋生，圆锥形，成熟后长柔毛脱落，顶生苞片直立，基生苞片卵状披针形；果无总梗或具短梗。花期4~5月，果期8~10月。

产地分布　分布于台湾、福建、浙江、江西、湖南、湖北、广东、广西、贵州、云南、四川、陕西、甘肃等地。南昌市产于安义、新建等县区。

价值评述　果实、根、藤可入药，具祛风除湿、消肿止痛、解毒杀虫等功效；聚合瘦果水洗可制作冰凉粉。爬藤类植物，攀附岩壁、墙外立面等，可作垂直绿化。

中国绣球 *Hydrangea chinensis* Maxim.

绣球科 Hydrangeaceae

识别要点 落叶灌木；高达2m。小枝初被短柔毛，后渐无毛，老后树皮薄片状剥落。叶纸质，狭椭圆形或长圆形，先端渐尖或短渐尖，边缘中上部具疏钝齿或小齿，两面疏被短柔毛或近脉上被毛；侧脉6～7对，小脉稀疏网状。聚伞花序顶生，分枝3或5条；不育花萼片3～4枚；孕性花萼筒杯状；花瓣黄色，椭圆形或倒披针形，先端略尖，基部具短爪；雄蕊10～11枚，近等长；子房近半下位，花柱3～4个，柱头通常增大呈半杯状。蒴果卵球形，顶端突出部分稍长于萼筒。种子淡褐色，椭圆形，无翅，具网状脉纹。花期5～6月，果期9～10月。

产地分布 分布于台湾、福建、浙江、安徽、江西、湖南、广西等地。南昌市产于安义、新建、南昌、进贤等县区。

价值评述 根可入药，具活血止痛、截疟、清热利尿等功效；叶可代茶饮。花、叶观赏性佳，可用作园林绿化树种。

中华猕猴桃 *Actinidia chinensis* Planch.

猕猴桃科 Actinidiaceae

识别要点 落叶木质藤本。幼枝、叶柄、果实均被灰白色绒毛、褐色长硬毛。老枝髓心片层状。芽鳞密被褐色绒毛。叶纸质，营养枝的叶宽卵圆形或椭圆形，先端短渐尖或骤尖；花枝的叶近圆形，先端钝圆、微凹或平截；叶基部楔状稍圆、平截至浅心形，具睫状细齿，上面无毛或中脉及侧脉疏被毛。聚伞花序1~3朵花；苞片被灰白色或黄褐色绒毛；花初白色，后橙黄色；萼片3~7枚，密被平伏黄褐色绒毛；花瓣3~7片，宽倒卵形，具短距；子房密被黄色绒毛或糙毛。

果黄褐色，近球形、圆柱形、倒卵形或椭圆形，果上毛易脱落，具淡褐色斑点，宿存萼片反折。花期4~6月，果期8~9月。

产地分布 分布于陕西、湖北、湖南、河南、安徽、江苏、浙江、江西、福建、广东、广西等地。南昌市产于安义、新建、南昌等县区。

价值评述 全草可入药，具清热解毒、祛风利湿、活血消肿等功效；鲜果可食用，富含维生素，营养价值和经济价值高。国家二级重点保护野生植物。南昌市内频见，应保护其种质资源。

中华绣线菊 *Spiraea chinensis* Maxim.

蔷薇科 Rosaceae

识别要点 落叶灌木；高达3m。冬芽、枝、叶、花和果实均具柔毛或绒毛。小枝红褐色，拱形弯曲。叶菱状卵形或倒卵形，先端急尖或圆钝，基部宽楔形或圆形，有缺刻状粗锯齿或具不明显3裂，叶面脉纹深陷，叶背绒毛密集，脉纹突起。伞形花序具16～25朵花；苞片线形，柔毛短；萼筒钟状，萼片卵状披针形；花瓣近圆形，白色；雄蕊22～25枚，较花瓣短或等长；花盘波状环形或具不整齐裂片；子房柔毛短，花柱短于雄蕊。蓇葖果张开，宿存花柱顶生，宿存萼片直立。花期3～6月，果期6～10月。

产地分布 分布于内蒙古、河北、河南、陕西、湖北、湖南、安徽、江西、江苏、浙江、贵州、四川、云南、福建、广东、广西等地。南昌市产于安义、新建等县区。

价值评述 花朵繁茂，繁殖易，耐寒耐旱，观赏价值高，可作城市园林造景植物。

朱砂根 *Ardisia crenata* Sims　　　　　　　　报春花科 Primulaceae

识别要点　常绿灌木；高达 2m。叶缘、花萼、花瓣、子房、果实均具腺点。茎粗壮无毛，除侧生特殊花枝外，无分枝。叶革质或坚纸质，椭圆形至倒披针形，边缘具皱波状或波状齿，两面无毛，有时背面具极小的鳞片。伞形花序或聚伞花序，着生于侧生特殊花枝顶端，花枝近顶端常具 2～3 枚叶，或无叶，长 4～16cm；花梗几无毛；花萼片绿色，仅基部联合，全缘；花瓣白色，稀略带粉色，盛开时反卷；内面有时近基部具乳头状突起；雌蕊与花瓣近等长或略长，子房无毛，胚珠 5 枚。浆果球形，鲜红色。花期 5～6 月，果期 10～12 月。

产地分布　分布于西藏、台湾、湖北、海南等地。南昌市产于安义、新建、进贤等县区。

价值评述　根可入药，具清热解毒、活血止痛等功效。四季常青，株形优美，春夏淡红色花朵飘香，秋末红果成串，果期极长，为优良盆栽观果植物。

柱果铁线莲 *Clematis uncinata* Champ.　　　毛茛科 Ranunculaceae

识别要点　落叶木质藤本。除花柱有羽状毛及萼片边缘有短柔毛外，其余均无毛。茎圆柱形，有纵条纹。一至二回羽状复叶，小叶5～15枚；茎基部为单叶或三出复叶，小叶薄革质或纸质，宽卵形至卵状披针形，顶端渐尖或锐尖，基部圆形或宽楔形，有时浅心形或截形，全缘，上面亮绿色，下面灰绿色被白粉，两面网脉稍隆起。圆锥状聚伞花序，多花；萼片4枚，平展，白色，干时变褐色至黑色，窄长圆形，边缘被绒毛；花药窄长圆形或线形，顶端具小尖头。瘦果圆柱状钻形。花期6～7月，果期7～9月。

产地分布　分布于云南、贵州、四川、甘肃、陕西、广西、广东、湖南、福建、台湾、江西、安徽、浙江、江苏等地。南昌市产于安义县。

价值评述　根及根茎可入药，具祛风除湿、通络止痛等功效，但有小毒，慎用。攀缘能力强，花朵白色浓密，种子造型独特，可用于垂直绿化。

紫花堇菜 *Viola grypoceras* A. Gray　　　　　　　　董菜科 Violaceae

识别要点　多年生草本；高达30cm。叶片、萼片、花瓣、果实均具褐色腺点。根状茎短粗，节密生。基生叶心形或宽心形，基部弯缺狭，边缘具钝锯齿，两面无毛，腺点密布；茎生叶三角状心形或卵状心形；基生叶叶柄长于茎生叶；托叶褐色，狭披针形，边缘具流苏状长齿。花淡紫色；花梗自茎基部或茎生叶的叶腋抽出，远超于叶，中部以上有2枚线形小苞片；萼片披针形，基部附属物末端平截，具浅齿；花瓣倒卵状长圆形，边缘波状，下瓣连距长1.5～2cm，距长6～7mm，下弯；下方两枚雄蕊具长距；子房无毛，柱头无乳头状突起，具短喙，柱头孔较宽。蒴果椭圆形，腺点密生。花期4～5月，果期6～8月。

产地分布　分布于河南、安徽、福建、浙江、江苏、江西、台湾、湖南、湖北、广东、广西、贵州、云南、四川、陕西、甘肃等地。南昌市产于安义、新建、进贤等县区。

价值评述　全草可入药，具清热解毒、散瘀消肿、凉血止血等功效。花形娇小可爱，具有较高的观赏价值。

紫花络石 *Trachelospermum axillare* Hook. f. 夹竹桃科 Apocynaceae

识别要点 常绿木质藤本。无毛或幼时具微长毛。茎具多数皮孔。叶厚纸质，倒披针形或倒卵形或长椭圆形，先端尾尖，顶端渐尖或锐尖，基部楔形或锐尖，稀圆形；侧脉多至15对，在叶背明显。聚伞花序近伞形，腋生或有时近顶生；花紫色；花蕾顶端钝；花萼裂片紧贴于花冠筒上，卵圆形、钝尖，内有腺体约10枚；花冠高脚碟状；雄蕊着生于花冠筒的基部，花药隐藏于其内。蓇葖果圆柱状长圆形，平行，黏生，略似镰刀状，通常端部合生，老时略展开；外果皮具细纵纹。种子暗紫色，倒卵状长圆形或宽卵圆形，端部头钝；种毛细丝状，长约5cm。

产地分布 分布于浙江、江西、福建、湖北、湖南、广东、广西、云南、贵州、四川、西藏等地。南昌市产于安义、新建等县区。

价值评述 茎可入药，具祛风解表、通经活络等功效，但有毒，慎用；植株可提取树脂和橡胶；茎皮纤维拉力强，可制麻绳和织麻袋，种毛可作填充料。抗污染力强，可作垂直绿化植物。

紫麻 *Oreocnide frutescens* (Thunb.) Miq.　　　　　　　荨麻科 Urticaceae

识别要点　常绿灌木；高达3m。小枝褐紫色或淡褐色，上部常有粗毛或近贴生的柔毛，后渐脱落。叶草质，基部圆形，稀宽楔形，边缘下部以上有锯齿或粗牙齿，上面常疏生糙伏毛，下面常被灰白色毡毛，后渐脱落，叶基三出脉，其侧出的一对，稍弧曲，与最下一对侧脉环结，侧脉2～3对，在近边缘处彼此环结；叶柄被粗毛；托叶条状披针形，背面中肋疏生粗毛。花序生于上年生枝和老枝上，几无梗，团伞花簇；雄花下部合生，雄蕊3枚；退化雌蕊棒状，被白色绵毛；雌花无梗。瘦果卵球状，宿存花被变深褐色，肉质果托壳斗状，包果大部。花期3～5月，果期6～10月。

产地分布　分布于浙江、安徽、江西、福建、广东、广西、湖南、湖北、陕西、甘肃、四川、云南等地。南昌市产于安义、新建、南昌等县区。

价值评述　全株可入药，具清热解毒、行气活血等功效；茎皮纤维细长坚韧，可供制绳索，也可提取单宁。

低丘岗地篇

白杜 *Euonymus maackii* Rupr

卫矛科 Celastraceae

识别要点 落叶小乔木；高达6m。树皮网状裂。叶对生，卵状椭圆形、卵圆形或窄椭圆形，先端长渐尖，基部阔楔形或近圆形，边缘具细锯齿，有时极深而锐利；叶柄细长，常为叶片的1/4～1/3，有时较短。聚伞花序，有3至多朵花，花序梗微扁；花4数，淡白绿色或黄绿色；雄蕊花药紫红色，花丝细长。蒴果倒圆心状，4浅裂，熟时果皮粉红色。种子长椭圆状，长5～6mm，种皮棕黄色，假种皮橙红色，全包种子，成熟后顶端常有小口。花期5～6月，果期9月。

产地分布 分布于黑龙江、吉林、辽宁、内蒙古、甘肃、陕西、山西、河南、河北、山东、江苏、安徽、浙江、江西、湖北、湖南、广东和贵州等地。南昌市产于安义、红谷滩、南昌、进贤等县区。

价值评述 木材可供细工雕刻原料；树皮含硬橡胶；种子含油率高，可作工业用油；叶、根、树皮具祛风除湿、活血通络、解毒止血等功效。枝叶秀丽，蒴果粉红色，假种皮橘红色，极具观赏性，可作园林绿化植物。

白栎 *Quercus fabri* Hance　　　　　　　　　　　　　　　　壳斗科 Fagaceae

识别要点　落叶乔木；高达20m。树皮灰褐色，深纵裂。小枝密生灰色至灰褐色绒毛。冬芽卵状圆锥形，芽鳞多数，被疏毛。叶片倒卵形、椭圆状倒卵形，叶缘具波状锯齿或粗钝锯齿，幼时两面被灰黄色星状毛，侧脉每边8～12条。雄花序长6～9cm，花序轴被绒毛；雌花序长1～4cm，生2～4朵花，壳斗杯形，包着坚果约1/3；小苞片卵状披针形，排列紧密，在口缘处稍伸出。坚果长椭圆形或卵状长椭圆形，直径0.7～1.2cm，无毛，果脐突起。花期4月，果期10月。

产地分布　分布于陕西、江苏、安徽、浙江、江西、福建、河南、湖北、湖南、广东、广西、四川、贵州、云南等地。南昌市内广布。

价值评述　根、果总苞及带虫瘿的果实可入药，具理气消积、明目解毒等功效；木质坚硬，可用于建筑、家具制作；果实可食用，富含淀粉、蛋白质。

白马骨 *Serissa serissoides* (DC.) Druce

茜草科 Rubiaceae

识别要点 常绿小灌木；高达1m。嫩枝被微柔毛。叶通常丛生，薄纸质，倒卵形或倒披针形，顶端短尖或近短尖，基部收狭成一短柄；侧脉上举，每边2～3条，在叶两面均凸起，小脉疏散不明显；托叶具锥形裂片，长2mm，基部阔，膜质，被疏毛。花无梗，生于枝顶；具苞片，膜质，斜方状椭圆形，长渐尖，具疏散小缘毛；花托无毛；萼檐裂片5枚，坚挺延伸呈披针状锥形，极尖锐，具缘毛；花冠管外面无毛，喉部被毛，裂片5枚，长圆状披针形；花药内藏；花柱2裂。花期4～6月，果期9～11月。

产地分布 分布于江苏、安徽、浙江、江西、福建、台湾、湖北、广东、香港、广西等地。南昌市产于安义、新建、南昌、进贤等县区。

价值评述 全株可入药，具祛风利湿、清热解毒等功效；嫩茎叶可作蔬菜。适应性强，花叶小巧，造型优美，可作盆栽或盆景种植。

白毛鹿茸草 *Monochasma savatieri* Franch. exmaxim.　　玄参科 Scrophulariaceae

识别要点　多年生草本；高达23cm。植株密被绵毛，呈灰白色，上部近花处具腺毛。主根粗短。茎多数，丛生，老时木质化，常不分枝。叶交互对生，下部叶鳞片状，向上渐大，长圆状披针形或线状披针形。总状花序顶生，花少数，单生于叶腋，具2枚叶状小苞片，长9~15mm，宽1~2mm；花萼筒膜质，具9条凸起的粗肋；萼齿4枚，线形或线状披针形，与萼筒等长或稍长；花冠淡紫或近白色，长为萼的2倍，瓣片二唇形，上唇略盔状，2裂，下唇3裂，开展；雄蕊4枚，二强，花药背着，纵裂；子房长卵形，花柱细长。蒴果长圆形，顶端具稍弯尖喙。花期3~4月，果期7~9月。

产地分布　分布于浙江、福建、江西等地。南昌市产于安义、新建等县区。

价值评述　全草可入药，具清热解毒、祛风止痛、凉血止血等功效；花色艳丽，全株密被棉毛，呈灰白色，观赏价值高，可作园林绿化搭配草本。

白木乌桕 *Neoshirakia japonica* (Siebold & Zucc.) Esser　　　　　大戟科 **Euphorbiaceae**

识别要点　落叶灌木或小乔木；高达8m。叶互生，纸质，卵形、卵状长方形或椭圆形，基部钝、截平或微心形，两侧常不等，全缘，背面中上部近边缘的脉上有散生腺体，基部靠近中脉两侧具腺体2个；托叶膜质，线状披针形。花雌雄同株常同序，顶生，总状花序，雌花数朵生于花序轴基部，雄花数朵生于花序轴上部，有时整个花序全为雄花。雄蕊3枚，稀2枚，常伸出花萼；苞片3深裂，通常中间裂片较大，两侧裂片其边缘各具1个腺体；萼片3枚，三角形；子房3室，花柱基部合生，柱头3个，外卷。蒴果三棱状球形；分果爿脱落后无宿存中轴。花期5～6月，果期7～9月。

产地分布　分布于山东、安徽、江苏、浙江、福建、江西、湖北、湖南、广东、广西、贵州和四川等地。南昌市产于安义、新建等县区。

价值评述　根皮、叶可入药，具散瘀血、强腰膝等功效。

白棠子树 *Callicarpa dichotoma* (Lour.) K. Koch　　　　　　　唇形科 Lamiaceae

识别要点　落叶灌木；高达 3m。小枝纤细，幼枝被星状毛。叶纸质，倒卵形或披针形，先端急尖或渐尖，基部楔形，边缘仅上半部具数个粗锯齿，表面微糙，两面近无毛，密生细小黄色腺点；侧脉 5～6 对；叶柄长小于 5mm。聚伞花序着生于叶腋上方，2～3 次分歧，花序梗略有星状毛；苞片线形；花萼杯状，顶端有不明显的 4 齿或近截头状；花冠紫色；雄蕊约为花冠长的 2 倍，花药卵形，细小，药室纵裂；子房无毛，具黄色腺点。果实球形，熟时紫色，径约 2mm。花期 5～6 月，果期 7～11 月。

产地分布　分布于山东、河北、河南、江苏、安徽、浙江、江西、湖北、湖南、福建、台湾、广东、广西、贵州等地。南昌市产于安义县。

价值评述　叶可入药，具收敛止血、清热解毒等功效，也可提取芳香油。果期长，颜色亮丽，优良的观果灌木，可作园林绿化树种。

薜荔 *Ficus pumila* L. 桑科 Moraceae

识别要点 常绿木质藤本。叶二型，营养枝节上生不定根，叶卵状心形，薄革质，基部稍不对称，叶柄短；生殖枝上无不定根，革质，卵状椭圆形，先端急尖至钝形，基部圆形至浅心形，全缘，叶背被黄褐色柔毛，网脉3～4对，蜂窝状，在叶表下陷，叶背凸起；托叶2枚，被黄褐色丝状毛。隐花果单生叶腋，梨形，雌花果近球形，顶部截平，略具短钝头或脐状凸起，基部收窄成一短柄；雄花多数，生隐头花序内壁口部，排为几行，有柄，花被片2～3枚，线形，雄蕊2枚，花丝短；雌花生另一植株榕果内壁，花柄长，花被片4～5枚。瘦果近球形，有黏液。花、果期5～8月。

产地分布 分布于福建、江西、浙江、安徽、江苏、台湾、湖南、广东、广西、贵州、云南、四川、陕西等地。南昌市产于安义、新建、青云谱、南昌、进贤等县区。

价值评述 茎、叶、根具祛风除湿、活血通络、解毒消肿等功效；果实具补肾固精、清热利湿、活血通经、催乳、解毒消肿等功效；乳汁具祛风杀虫止痒、壮阳固精等功效；花序托中瘦果可加工成凉粉食用。能快速攀附其他植物或建筑物，为良好垂直绿化树种。

扁担杆 *Grewia biloba* G. Don

识别要点 落叶灌木或小乔木；高达4m。多分枝，嫩枝被粗毛。叶薄革质，椭圆形或倒卵状椭圆形，先端锐尖，基部楔形或钝，两面有稀疏星状粗毛，基脉三出，中脉有侧脉3～5对，边缘有细锯齿；叶柄被粗毛；托叶钻形。聚伞花序腋生，多花；萼片狭长圆形，外面被毛，内面无毛；雌雄蕊柄有毛；子房有毛，花柱与萼片平齐，柱头扩大，盘状，有浅裂。核果熟时红色，有2～4枚分核。花期5～7月，果期9～10月。

产地分布 分布于江西、湖南、浙江、广东、台湾，安徽、四川等地。南昌市内广布。

价值评述 全株可入药，具健脾益气、祛风除湿、固精止带等功效；茎皮纤维白软，可作人造棉，去皮的茎可编织用。果实艳丽，造型独特，可作园林观果树种。

长托菝葜 *Smilax ferox* Wall. ex Kunth

菝葜科 Smilacaceae

识别要点 常绿灌木；茎长可达 5m。枝条具纵条纹，疏生刺。叶厚革质至坚纸质，干后灰绿黄色或暗灰色，椭圆形至矩圆形，长 3～16cm，下面常苍白色；主脉一般 3 条，叶柄长 5～25mm，鞘为叶柄长一半以上，少数叶柄具卷须，脱落点位于鞘上方。伞形花序生于叶尚幼嫩小枝上，有几朵至十余朵花；总花梗长 1～2.5cm，偶有关节；花序托常延长而使花序多少呈总状，具多枚宿存小苞片。花黄绿色或白色；雄花外花被片长 4～8mm，内花被片稍窄；雌花小于雄花，花被片长 3～6mm，具 6 枚退化雄蕊。浆果直径 8～15mm，成熟时红色。花期 3～4 月，果期 10～11 月。

产地分布 分布于安徽、湖北、湖南、广东、广西、贵州、云南、四川等地。南昌市产于进贤县。

价值评述 根茎可入药，具祛风湿、利小便、解疮毒等功效。红果玲珑，观赏价值高，可作盆栽或花境配置利用。

长尾复叶耳蕨 *Arachniodes simplicior* (Makino) Ohwi

鳞毛蕨科 Dryopteridaceae

识别要点 多年生草本；高达 80cm。根状茎横卧，密被褐棕色、披针形或条状钻形鳞片。叶柄长 30～40cm；叶片厚纸质，和叶柄近等长，卵状五角形，顶部有一片具柄的顶生羽状羽片与其下侧生羽片同形，基部近平截，三回羽状；侧生羽片 4 对，基部 1 对对生，向上的互生，有柄，斜展，基部 1 对最大，斜三角形，二回羽状；小羽片有 22 对，互生，有短柄，基部下侧 1 片特别伸长，披针形；末回小羽片约 16 对，互生，三角状长圆形，边缘浅裂而具芒刺状锯齿；第二至四对羽片披针形，羽状；叶轴羽轴及中脉下面偶被褐棕色、钻形小鳞片。孢子囊群生于小脉顶端，在中脉两侧各成 1 行；囊群盖圆肾形，深棕色，膜质，脱落。

产地分布 分布于陕西、甘肃、江苏、安徽、浙江、江西、福建、河南、湖北、湖南、广东、广西、四川、贵州等地。南昌市产于安义、新建等县区。

价值评述 根茎可入药，具清热解毒等功效。植株秀美，具有较高观赏价值。

长叶冻绿 *Frangula crenata* (Siebold et Zucc.) Miq.　　　　　　鼠李科Rhamnaceae

识别要点 落叶灌木；高达5m。顶芽裸露；幼枝带红色，被毛，后脱落。叶纸质，倒卵状椭圆形、椭圆形或倒卵形，稀倒披针状椭圆形或长圆形，长4~14cm，先端渐尖、尾尖或骤短尖，基部楔形或钝，具圆齿状齿或细锯齿，上面无毛，下面被柔毛或沿脉稍被柔毛，侧脉7~12对；叶柄长0.4~1.2cm，密被柔毛。花两性，5基数；聚伞花序腋生，总花梗长0.4~1.5cm，被柔毛；萼片三角形与萼筒等长，有疏微毛；花瓣近圆形，顶端2裂；雄蕊与花瓣等长而短于萼片；子房球形，花柱不裂。核果球形或倒卵状球形，绿色或红色，熟时黑色或紫黑色，果柄无或有疏短毛，具3枚分核，各有1颗种子，种子背面无沟。花期5~8月，果期8~10月。

产地分布 分布于陕西、河南、安徽、江苏、浙江、江西、福建、台湾、广东、广西、湖南、湖北、四川、贵州、云南等地。南昌市内广布。

价值评述 根可入药，具清热解毒，杀虫利湿等功效；根和果实含黄色染料。亦可作观叶、观花、观果的新型园林栽培树种。

赤楠 *Syzygium buxifolium* Hook. et Arn. 桃金娘科 Myrtaceae

识别要点 常绿灌木或小乔木；高达5m。嫩枝有棱。叶片革质，阔椭圆形至椭圆形，先端圆或钝，基部阔楔形或钝，下面稍浅色，有腺点，侧脉多而密，斜行向上，离边缘1～1.5mm处结合成边脉，上面不明显，下面稍突起。聚伞花序顶生，有花数朵；萼管倒圆锥形，萼齿浅波状；花瓣4片，分离；雄蕊长2.5mm；花柱与雄蕊等长。果实球形，径5～7mm。花期6～8月，果期10～12月。

产地分布 分布于安徽、浙江、台湾、福建、江西、湖南、广东、广西、贵州等地。南昌市内广布。

价值评述 根具益肾定喘、健脾利湿、祛风活血、解毒消肿等功效；叶具清热解毒等功效；果可鲜食、酿酒。叶、果美丽，修剪造型，可作园林绿化、盆景营造等。

大白茅 *Imperata cylindrica* var. *major* (Nees) C. E. Hubbard 　　　　禾本科Poaceae

识别要点 多年生草本；高达90cm。具横走多节被鳞片的长根状茎。具2~4节，节具白柔毛。叶鞘无毛或上部及边缘具柔毛，鞘口具疣基柔毛，老时破碎呈纤维状；叶舌干膜质，长约1mm，顶端具细纤毛；叶片线形或线状披针形，长10~40cm，宽2~8mm，中脉在下面明显隆起并渐向基部增粗或成柄。圆锥花序穗状，分枝短缩而密集，有时基部较稀疏；小穗柄顶端膨大为棒状，无毛或疏生丝状柔毛；小穗披针形；两颖几相等；雄蕊2枚，先雌蕊而成熟；柱头2枚，紫黑色，自小穗顶端伸出。颖果椭圆形。花、果期5~8月。

产地分布 分布于山东、河南、陕西、江苏、浙江、安徽、江西、湖南、湖北、福建、台湾、广东、海南、广西、贵州、四川、云南、西藏等地。南昌市内广布。

价值评述 根状茎味甜可食；茎叶可作为牧草；秆可作造纸原料。花穗密生白毛，微风袭来，轻轻摇曳，画面极美，可作草坪景观植物。

大叶胡枝子 *Lespedeza davidii* Franch.

识别要点 落叶灌木；高达3m。小枝、叶、花、果实均密被柔毛。叶具3小叶；小叶宽卵圆形或宽倒卵形，先端圆或微凹，基部圆或宽楔形。总状花序比叶长或于枝顶组成圆锥花序；花萼5深裂，裂片披针形或线状披针形；花冠红紫色，旗瓣倒卵状长圆形，基部具耳和短瓣柄，翼瓣窄长圆形，具弯钩形耳和细长瓣柄，龙骨瓣略呈弯刀形，具耳和瓣柄。荚果卵形，长1cm，稍歪斜，先端具短尖。花期7～9月，果期9～10月。

产地分布 分布于安徽、福建、广东、广西、贵州、河南、湖北、湖南、江苏、江西、四川、浙江等地。南昌市产于安义、新建、南昌、进贤等县区。

价值评述 全株可入药，具清热解表、止咳止血、通经活络等功效；嫩茎和叶营养丰富，可作饲料。

单瓣李叶绣线菊 *Spiraea prunifolia* var. *simpliciflora* Nakai　　蔷薇科Rosaceae

识别要点　落叶灌木；高达3m。枝稍具棱角，幼时被毛，后秃净。叶卵形至长圆披针形，边缘有锐锯齿。花单瓣，直径约6mm；萼筒钟状，内外两面均被短柔毛；萼片卵状三角形，外面微被短柔毛，内面毛较密；花瓣宽倒卵形，先端圆钝，长2～4mm，宽与长近相等，白色；雄蕊20枚，长约为花瓣的1/2或1/3；花盘圆环形，具10枚明显裂片；子房具短柔毛，花柱短于雄蕊。蓇葖果仅在腹缝上具短柔毛，开张，花柱顶生于背部，具直立萼片。花期3～4月，果期4～7月。

产地分布　分布于湖北、湖南、江苏、浙江、江西、福建等地。南昌市内广布。

价值评述　繁花如雪，如笑靥，为优良观花灌木，萌蘖性强，可作绿篱、花境植物。

135

单叶蔓荆 *Vitex rotundifolia* Linnaeus f.　　　　　　　唇形科Lamiaceae

识别要点　落叶灌木；高达5m。茎匍匐，节上常生不定根，小枝幼时被绒毛。叶对生，无梗或短叶柄，叶片倒卵状匙形、卵状椭圆形、宽长圆形椭圆形。聚伞圆锥花序顶生，花萼杯状，外面被绢状绒毛，里面无毛；花冠略带紫色，淡紫色到蓝色，雄蕊和花柱外露；子房球状，无毛，密生腺点。果球状，干燥时暗褐色。花期7～9月，果期9～11月。

产地分布　分布于安徽、福建、广东、河北、江苏、江西、辽宁、山东、台湾、浙江等地。南昌市产于红谷滩、南昌、进贤等县区。

价值评述　果实可入药，具疏散风热、清利头目、祛风止痛、抗菌、抗病毒等功效；根系发达，抗风、抗旱、抗盐碱能力强，可作沙漠绿化的先锋树种；茎叶可提取芳香油；花淡紫色，可作园林地被植物栽培。

地稔 *Melastoma dodecandrum* Lour.　　　　**野牡丹科 Melastomataceae**

识别要点　常绿灌木；高达30cm。幼茎、叶表边缘与基出脉间、叶背基出脉、叶柄、花梗、苞片、花萼管、裂片、花萼均具糙伏毛。茎匍匐上升，逐节生根，分枝多，披散。叶卵形或椭圆形，先端急尖，基部宽楔形，全缘或具密浅细锯齿，基出脉3~5条。聚伞花序顶生，具1~3朵花，叶状总苞2个；苞片卵形，裂片披针形，具缘毛；花瓣淡紫红或紫红色，菱状倒卵形，先端有1束刺毛，疏被缘毛；子房顶端具刺毛。果坛状球形，近顶端略缢缩，平截，肉质，不开裂，熟时深紫色。花期5~7月，果期7~9月。

产地分布　分布于安徽、浙江、福建、江西、湖北、湖南、广东、广西、贵州、四川等地。南昌市产于安义、新建、红谷滩、进贤等县区。

价值评述　地上部分具清热解毒、活血等功效；果实具补肾养血、止血安胎等功效；根具活血、利湿、解毒等功效；果可食用，也可提取天然色素。叶片浓密，贴伏地表，良好的地被观赏植物，观赏价值高。

冬青 *Ilex chinensis* Sims　　　　　　　　　　　　　　　　冬青科 Aquifoliaceae

识别要点　常绿乔木；高达13m。当年生小枝浅灰色，具细棱，幼枝被微柔毛；老枝具不明显皮孔，叶痕新月形。叶片薄革质至革质，椭圆形或披针形，稀卵形，边缘具圆齿，主脉在叶面平，背面隆起，侧脉6～9对。复聚伞花序单生叶腋；花序梗短，二级轴长2～5mm；花梗无毛，长2mm；花淡紫或紫红色，4～5基数；花萼浅杯状，裂片宽三角形，具缘毛；花冠辐状，花瓣卵形，开放时反折，基部稍合生；雄蕊短于花瓣。果长球形，熟时红色；分核4～5枚，窄披针形。

花期4～6月，果期7～12月。

产地分布　分布于江苏、安徽、浙江、江西、福建、台湾、河南、湖北、湖南、广东、广西和云南等地。南昌市产于安义、新建、红谷滩、进贤等县区。

价值评述　根、树皮、叶和果实均可入药，具清热解毒、生肌敛疮、活血、祛风除湿等功效；木材坚韧，可作木质工艺品原料；树皮可提制栲胶。四季常绿，红果冬熟，可作园林绿化树种。

短葶山麦冬（阔叶山麦冬） *Liriope muscari* (Decaisne) L. H. Bailey 天门冬科Asparagaceae

识别要点 多年生草本。根细长，分枝多，有时局部膨大成纺锤形的小块根，小长达3.5cm，肉质；根状茎短，木质。叶密集成丛，革质，先端急尖或钝，基部渐狭，具9～11脉，有明显的横脉，边缘几不粗糙。花葶通常长于叶；总状花序，具许多花，3～8朵簇生于苞片腋内；苞片小，近刚毛状；花梗长4～5mm，关节位于中部或中部偏上；花被片矩圆状披针形或近矩圆形，先端钝，紫色或红紫色；花药近矩圆状披针形，长1.5～2mm；子房近球形，花柱长约2mm，柱头三齿裂。种子球形，初期绿色，成熟时变黑紫色。花期7～8月，果期9～11月。

产地分布 分布于广东、广西、福建、江西、浙江、江苏、山东、湖南、湖北、四川、贵州、安徽、河南等地。南昌产于安义、新建等县区。

价值评述 块根入药，具补肺养胃、滋阴生津等功效。终年常绿，叶似兰，花葶挺拔，极具观赏价值，可用于盆栽和地被栽培。

钝齿铁线莲 *Clematis apiifolia* var. *argentilucida* (H. Léveillé & Vaniot) W. T. Wang 毛茛科Ranunculaceae

识别要点 常绿木质藤本。枝、叶、花序和果实均被短柔毛。小枝有棱。三出复叶，连叶柄长5～17cm，叶柄长3～7cm；小叶片卵形或宽卵形，较大，常有不明显3浅裂，通常下面密生短柔毛，边缘有少数钝牙齿。圆锥状聚伞花序多花，萼片4枚，开展，白色，狭倒卵形。瘦果纺锤形或狭卵形，顶端渐尖，羽毛状宿存花柱长约1.5cm。花期7～9月，果期9～10月。

产地分布 分布于云南、四川、甘肃、陕西、贵州、广西、广东、湖南、湖北、江西、浙江、江苏、安徽等地。南昌市产于安义、新建等县区。

价值评述 茎可入药，具利尿、解毒、祛风湿等功效。花朵繁盛，芳香，攀缘性强，可用作垂直绿化植物。

耳草 *Hedyotis auricularia* L.   茜草科 **Rubiaceae**

识别要点 多年生直立或平卧粗壮草本；高达100cm。小枝被硬毛，稀无毛，幼时方柱形，老时圆柱形。叶对生，近革质，披针形或椭圆形，先端短尖或渐尖，基部楔形，下面常被粉状柔毛，侧脉4~6对；托叶膜质，合成短鞘，顶部5~7裂，裂片线形或刚毛状。花密集成头状，腋生。花萼常被毛，萼檐裂片4枚；花冠白色；雄蕊生于冠筒喉部，花药伸出；花柱长1mm，柱头2裂，裂片棒状，被毛。蒴果球形，疏被硬毛，顶冠以宿萼裂片，熟时不开裂；每室2~6颗种子。花、果期3~12月。

产地分布 分布于福建、广东、香港、海南、广西、湖南、贵州、云南等地。南昌市产于安义、新建、红谷滩、南昌县、进贤等县区。

价值评述 全草可入药，具清热解毒、凉血消肿等功效。

风箱树 *Cephalanthus tetrandrus* (Roxb.) Ridsd. et Badh. F.   茜草科 **Rubiaceae**

识别要点 落叶灌木或小乔木；高达5m。托叶、花萼裂片与花冠裂片裂口处均具1个黑色腺体。幼枝近四棱形，被柔毛，老枝圆柱形，无毛。叶近革质，卵形或卵状披针形，基部圆或近心形，侧脉8~12对；托叶宽卵形。头状花序，花序梗有毛；萼筒被柔毛，萼裂片4枚；花冠白色，冠筒外面无毛，内面有柔毛，裂片长圆形；柱头伸出于花冠。果序直径1~2cm；坚果长4~6mm，具宿萼。种子褐色，具翅状苍白色假种皮。花期6~9月，果期7~9月。

产地分布 分布于广东、海南、广西、湖南、福建、江西、浙江、台湾等地。南昌市产于新建、南昌、进贤等县区。

价值评述 根、叶和花入药，具清热利湿、散瘀消肿、收敛止泻等功效；木材可作家具材料。头状花密聚，甚是美观，可用于园林观赏；喜生水边，可用作护堤树种。

扶芳藤 *Euonymus fortunei* (Turcz.) Hand.-Mazz.　　　　卫矛科 Celastraceae

识别要点　常绿灌木；高约1m。枝具气生根。叶对生，薄革质，椭圆形、长圆状椭圆形或长倒卵形，边缘齿浅不明显。聚伞花序3~4次分枝，花序梗长1.5~3cm，每个花序有花4~7朵，分枝中央有单花；花4数，白绿色；花萼裂片半圆形；花瓣近圆形；雄蕊花丝细长，花盘方形，径约2.5mm；子房三角状锥形，4棱，花柱长1mm。蒴果光滑近球形，熟时粉红色。种子长方椭圆形，假种皮鲜红色，全包种子。花期6月，果期10月。

产地分布　分布于山西、陕西、河南、安徽、江苏、浙江、福建、江西、湖北、湖南、广东、广西、云南、贵州、四川等地。南昌市产于安义、新建、南昌、进贤等县区。

价值评述　枝叶可入药，具益肾壮腰、舒筋活络、止血消瘀等功效。生长旺盛，终年常绿，耐修剪，常用于墙面和垂直绿化。

格药柃 *Eurya muricata* Dunn

五列木科 Pentaphylacaceae

识别要点 常绿灌木或小乔木；高达6m。全株无毛。叶革质，长圆状椭圆形或椭圆形，先端渐尖，基部楔形或宽楔形，具细钝齿，上面中脉凹下，下面干后淡绿色，侧脉9~11对；叶柄短。花1~5朵簇生叶腋；花梗长1~1.5mm；雄花小苞片2枚，近圆形；萼片5枚，革质，近圆形；花瓣5片，白色，长圆形或长圆状倒卵形，长4~5mm，雄蕊15~22枚，花药具多分格，退化子房无毛；雌花花瓣白色，卵状披针形，长约3mm，子房3室，花柱顶端3裂。果球形，径4~5mm，熟时紫黑色。种子肾圆形，略扁，红褐色，表面具网纹。花期9~11月，果期翌年6~8月。

产地分布 分布于江苏、安徽、浙江、江西、福建、广东、香港、湖北、湖南、四川、贵州等地。南昌市产于安义、新建、南昌、进贤等县区。

价值评述 树皮含鞣质，可提取栲胶；花白色密集，微香，果熟时紫黑发亮，优良的观花、观果及蜜源植物。

葛 *Puerariamontana* var. *lobata* (Willdenow)maesen & S.m. Almeida ex Sanjappa & Predeep

豆科Fabaceae

识别要点 多年生草质藤本。全体被黄色长硬毛，茎基部木质，有粗厚的块状根。羽状复叶具3枚小叶；托叶背着，卵状长圆形；小叶3裂，偶全缘，顶生小叶宽卵形或斜卵形，先端长渐尖，侧生小叶斜卵形。总状花序中部以上有密集的花；花2～3朵聚生于花序轴节上；花萼钟形，裂片披针形，比萼管略长；花冠紫色，旗瓣倒卵形，基部有2耳及一黄色硬痂状附属体，具短瓣柄，翼瓣镰状，较龙骨瓣为狭，基部有线形、向下的耳，龙骨瓣镰状长圆形，基部有极小、急尖的耳；对旗瓣的1枚雄蕊仅上部离生。荚果长椭圆形，扁平，被褐色长硬毛。花期9～10月，果期11～12月。

产地分布 分布于云南、四川、贵州、湖北、浙江、江西、湖南、福建、广西、广东、海南、台湾等地。南昌市内广布。

价值评述 块根具解肌退热、发表透疹、生津止渴、升阳止泻、解热除烦等功效；花具解酒醒脾、止血等功效；叶具止血的功效；茎具清热解毒、消肿等功效；种子具健脾止泻、解酒等功效；藤茎可供纤维作织布、造纸原料。生长较快，易导致所在地块物种单一，应适当控制。

钩藤 *Uncaria rhynchophylla* (Miq.) Miq. ex Havil. 茜草科Rubiaceae

识别要点 常绿木质藤本。小枝四棱形，无毛。叶对生，纸质，椭圆形，基部宽楔尖，上面光亮，下面在脉腋内常有束毛，略呈粉白色，干后变褐红色；托叶2深裂，裂片条状钻形。头状花序单生叶腋，总花梗具1节，苞片微小，或成单聚伞状排列，总花梗腋生，长5cm，中部着生几枚苞片；花5数，近无梗；花萼管疏被毛，萼檐裂片0.5mm；花冠无毛或仅裂片外面被粉末状柔毛，花柱伸出冠喉。蒴果倒圆锥形，被疏柔毛，宿萼。花、果期5～12月。

产地分布 分布于广东、广西、云南、贵州、福建、湖南、湖北、江西等地。南昌市产于安义、新建等县区。

价值评述 重要中药资源，带钩茎枝具熄风止痉、清热平肝等功效，根具舒筋活络、清热消肿等功效。攀缘能力强，生长迅速，在一些地段对其他树种造成危害，应适当控制。

狗脊 *Woodwardia japonica* (L. F.) Sm.　　　　　　乌毛蕨科Blechnaceae

识别要点　多年生草本；高达120cm。根茎粗壮，横卧，暗褐色，与叶柄基部密被全缘深棕色披针形或线状披针形鳞片，鳞片膜质，深棕色，老时渐落。叶近生，叶柄暗棕色，基部宿存于根状茎上，叶片长卵形，二回羽裂，顶生羽片卵状披针形或长三角状披针形，大于侧生羽片，基部1对裂片伸长；侧生羽片4～16对，近无柄，边缘具细密锯齿，叶脉明显。孢子囊群线形，着生于主脉两侧狭长网眼，不连续，单行排列；囊群盖线形，棕褐色，成熟时开向主脉或羽轴，宿存。

产地分布　分布于长江流域以南各地。南昌市内广布。

价值评述　根茎可入药，具清热解毒、杀虫、止血、祛风湿等功效。可作盆栽观赏，亦可用于园林绿化景观营造。

枸骨 *Ilex cornuta* Lindl. & Paxton 冬青科 Aquifoliaceae

识别要点 常绿灌木或小乔木；高达3m。幼枝具纵脊，沟内微柔毛。叶片厚革质，二型，四角状长圆形，先端宽三角形、有硬刺齿，或长圆形、卵形及倒卵状长圆形，全缘，先端具尖硬刺，反曲，基部圆或平截，具1～3对刺齿；叶柄被微柔毛。花序簇生叶腋，淡黄绿色；雄花花梗无毛；花瓣长圆状卵形；雄蕊与花瓣几等长；退化子房近球形；雌花花梗长8～9mm，花萼与花瓣同雄花。核果球形，径0.8～1cm，成熟时鲜红色；分核4枚，倒卵形或椭圆形，背部密被皱纹及纹孔及纵沟，内果皮骨质。花期4～5月，果期10～12月。

产地分布 分布于江苏、安徽、浙江、江西、湖北、湖南等地。南昌市产于安义、新建、南昌、进贤、红谷滩等县区。

价值评述 根、枝叶、果等入药，具滋补强壮、活络清热、祛风湿等功效；种子含油，可作肥皂原料；树皮可作染料和提取栲胶。树形美丽，红果繁盛，优良观赏树种。

构 *Broussonetia papyrifera* (L.) L'Hér. ex Vent.　　　　桑科 Moraceae

识别要点 落叶乔木；高达20m。树皮暗灰色，小枝密被灰色柔毛。叶宽卵形或长椭圆状卵形，先端渐尖，基部近心形、平截或圆，具粗锯齿，不裂或3～5裂，表面粗糙，疏生糙毛，背面密被绒毛，基生叶脉三出；叶柄密被糙毛，托叶卵形。花雌雄异株，雄花序柔荑状，苞片披针形，花被4裂；雌花序球形头状，苞片棍棒状。聚花果球形，熟时橙红色，肉质；瘦果具小瘤。花期4～5月，果期6～7月。

产地分布 分布于甘肃、陕西、山西、河南、河北、山东、江苏、安徽、浙江、福建、台湾、江西、湖北、湖南、广东、海南、广西、贵州、云南、四川、西藏等地。南昌市内广布。

价值评述 树皮、叶片和种子均可入药，具利尿消肿、清热凉血、补肾强筋、明目等功效；其纤维质地优良，可用作造纸或人造棉原料；果实可食用或用于酿酒；嫩叶则可作饲料。

黑鳗藤 *Jasminanthes mucronata* (Blanco) W. D. Stevens & P. T. Li　夹竹桃科Apocynaceae

识别要点　常绿木质藤本；长达10m。茎和枝被短柔毛。叶纸质，卵状长圆形，先端骤尖，基部心形，嫩叶具微毛，老叶脱毛；叶柄长2～3cm，具腺体。聚伞花序假伞形状，腋生或腋外生，具2～4朵花；小苞片卵形，被短柔毛。花梗长2～3cm，花萼裂片长圆形，长约7mm；花冠白色，具紫色液汁，花冠筒圆筒形，长2cm，裂片镰刀形，长3cm，开展；合蕊柱较花冠筒短；副花冠裂片5枚；花药较柱头长；柱头头状，顶端微2裂。蓇葖果长披针形。种子长圆形，具白色绢质种毛。花期5～6月，果期9～11月。

产地分布　分布于浙江、福建、台湾、江西、湖南、广东、香港、广西、贵州、四川等地。南昌市产于安义、新建等县区。

价值评述　根部入药，具祛风湿、通经络等功效。在园林中常用作绿化藤本，作为棚架、篱墙装饰植物。

虎杖 *Reynoutria japonica* Houtt.　　　　　蓼科 Polygonaceae

识别要点　多年生草本；高达 1.5m。根状茎粗壮，横走。茎直立，空心且具明显纵棱，具乳突，散生红色或紫色斑点。叶宽卵形或卵状椭圆形，近革质，顶端渐尖，基部宽楔形或近圆形，边缘全缘，两面无毛，沿叶脉具小突起；叶柄长 1～2cm。托叶鞘膜质，长 3～5mm，褐色，早落。花圆锥状，腋生，单性，雌雄异株；苞片漏斗状，偏斜，每苞 2～4 朵花；花梗 3～4mm，纤细，中下部具关节；花被白色或淡绿色，5 深裂；雄蕊 8 枚，雌花花柱 3 个，柱头流苏状。瘦果卵形，在宿存花被内藏，黑棕色，发亮。花期 8～9 月，果期 9～10 月。

产地分布　分布于陕西、甘肃、华东、华中、华南、四川、云南、贵州等地。南昌市产于安义、新建、红谷滩、南昌、进贤等县区。

价值评述　根状茎可入药，具活血散瘀、通经、镇咳等功效；嫩芽、嫩茎和嫩叶在春季可以食用，既能直接当零食吃，也可以当野菜吃。

花榈木 *Ormosia henryi* Prain　　　　豆科Fabaceae

识别要点　常绿乔木；高16m。树皮灰绿色，平滑，有浅裂纹。小枝、叶轴及花序密被锈褐色绒毛。奇数羽状复叶，具3～7枚小叶，革质，椭圆形或长圆状椭圆形，先端钝或短尖，基部圆或宽楔形，边缘微反卷，上面深绿色光滑，下面密生黄褐色绒毛，侧脉6～11对。圆锥花序顶生，或总状花序腋生，密被淡褐色绒毛。花萼钟状，5裂，萼齿三角状卵形；花冠淡绿色，边缘微带淡紫色，旗瓣近圆形，基部具胼胝体，翼瓣与龙骨瓣均短于旗瓣。荚果扁平，长椭圆形，顶端有喙，果瓣革质，紫褐色，无毛，有横隔膜。种子椭圆形或卵圆形，种皮鲜红色，有光泽。花期7～8月，果期10～11月。

产地分布　分布于安徽、浙江、福建、江西、湖北、湖南、广东、海南、广西、云南、贵州、四川、陕西等地。南昌市产于安义、新建、红谷滩、进贤等县区。

价值评述　珍贵硬木树种，木材致密质重，纹理美丽，为上等家具用材；根、叶有活血化瘀、祛风消肿等功效。树冠浓郁，树形优美，红豆喜庆，可作城乡绿化和庭院观赏树种栽培。列入《世界自然保护联盟濒危物种红色名录》易危（VU）种。国家二级重点保护野生植物。

华东葡萄 *Vitis pseudoreticulata* W. T. Wang　　　葡萄科Vitaceae

识别要点　落叶木质藤本。小枝圆柱形，有显著纵棱纹，嫩枝疏被蛛丝状绒毛，后脱落近无毛。卷须二叉分枝，间隔两节与叶对生。叶卵圆形或肾状卵圆形，顶端急尖或短渐尖，基部心形，基缺凹成圆形或钝角，每侧边缘16～25个锯齿；基生脉五出，中脉有侧脉3～5对，下面沿侧脉被白色短柔毛，网脉在下面明显；叶柄长3～6cm；托叶早落。圆锥花序疏散，与叶对生，基部分枝发达，杂性异株；花瓣5片，呈帽状黏合脱落；雄蕊5枚，在雌花内雄蕊显著短而败育；雌蕊1枚，子房锥形，花柱不明显扩大。果实熟时紫黑色。种子倒卵圆形，顶端微凹，基部有短喙。花期4～6月，果期6～10月。

产地分布　分布于河南、安徽、江苏、浙江、江西、福建、湖北、湖南、广东、广西等地。南昌市产于安义、新建、红谷滩、青山湖、南昌、进贤等县区。

价值评述　重要的野生葡萄种质资源，有显著的抗逆性。果糖含量高，风味浓郁，适宜鲜食和酿酒。南方地区葡萄栽培及新品种选育的重要遗传资源。

华山矾 *Symplocos chinensis* (Lour.) Druce

山矾科 Symplocaceae

识别要点 落叶灌木；高达3m。嫩枝、叶柄和叶背被灰黄色皱曲柔毛。叶纸质，椭圆形或倒卵形，先端急尖或短尖，基部楔形或圆形，边缘具细尖锯齿，叶面有短柔毛，中脉在叶面凹陷，侧脉每边4～7条。圆锥花序，苞片早落。花萼长2～3mm，裂片长圆形，长于萼筒；花冠白色，芳香，长约4mm，深裂至基部；雄蕊50～60枚，基部合生成五体；花盘具5个凸起腺点，无毛。核果卵状球形，歪斜，长5～7mm，熟时呈蓝色，顶端宿萼裂片内伏。花期4～5月，果期8～9月。

产地分布 分布于山东、安徽、浙江、福建、台湾、江西、河南、湖北、湖南、广东、广西、贵州、云南、四川等地。南昌市内广布。

价值评述 根可入药，具清热解毒、化痰截疟、通络止痛等功效；种子含有丰富的油脂，可食用或作润滑油。树形优美，春日白花，是良好的蜜源植物和园林绿化点缀树种。

化香树 *Platycarya strobilacea* Sieb. et Zucc.

胡桃科 Juglandaceae

识别要点 落叶小乔木；高达6m。树皮灰色，老时不规则纵裂。奇数羽状复叶长约15～30cm，具3～23枚小叶，纸质，卵状披针形或长椭圆状披针形，不等边，基部歪斜，边缘具锯齿，先端长渐尖。两性花序常单生，雌花序位于下部，长1～3cm，雄花序位于上部，有时无雄花序而仅有雌花序；雄花序常3～8条。果序卵状椭圆形至长椭圆状圆柱形；宿存苞片长0.7～1cm；果实小坚果状，长4～6mm。种子卵圆形，种皮黄褐色，膜质。花期5～6月，果期7～8月。

产地分布 分布于甘肃、陕西、河南、山东、安徽、江苏、浙江、福建、台湾、江西、湖北、湖南、广东、广西、贵州、云南、四川等地。南昌市产于安义、新建、青山湖等县区。

价值评述 树皮、叶、果实中富含单宁，可提取栲胶，树皮纤维可作麻代用品或造纸原料。叶和果实可入药，具清热解毒、散风止痛、活血化瘀等功效。

黄独 *Dioscorea bulbifera* L.　　　　　　　　　　　　　　**薯蓣科 Dioscoreaceae**

识别要点　草质藤本。块茎卵圆形或梨形，单生，外皮棕褐色，密生细长须根。茎左旋，淡绿或稍带红紫色，无毛。叶腋具紫棕色、球形或卵圆形斑点珠芽；单叶互生，宽卵状心形或卵状心形，顶端尾状渐尖，全缘或边缘微波状。雄花序穗状，下垂，常数序簇生叶腋，偶有分枝；雄花花被片披针形，紫色；基部有卵形苞片2枚；雌花序与雄花序相似，常2至数条簇生叶腋，退化雄蕊6枚。蒴果反曲下垂，三棱状长圆形，成熟时草黄色，密被紫色小斑点。种子深褐色，扁卵形，种翅栗褐色，向种子基部延伸呈长圆形。花期7～10月，果期8～11月。

产地分布　分布于陕西、甘肃、江苏、安徽、浙江、福建、台湾、江西、湖北、湖南、广东、海南、广西、贵州、云南、西藏、四川、河南

等地。南昌市产于安义、新建、南昌、进贤等县区。

价值评述　块茎、根入药，具解毒消肿、凉血止血、消炎止痛等功效。适应性强，耐阴性好，叶大心形，果形奇特有翅，适宜作园林、庭院垂直绿化栽培观赏。

黄堇 *Corydalis pallida* (Thunb.) Pers. 　　　　　　　　罂粟科 Papaveraceae

识别要点 多年生草本；高达60cm。茎具棱，上部有分枝。基生叶多数，呈莲座状排列，花期枯萎；茎生叶稍密集，下部叶有柄，上部近无柄，二回羽状全裂，裂片边缘具圆齿状裂片，顶端钝圆。总状花序，长约5cm，花黄色或淡黄色。苞片披针形，约与花梗等长。萼片近圆形，边缘具齿。外花瓣顶端勺状，有时具浅鸡冠状突起；内花瓣长约1.3cm，具鸡冠状突起。蒴果线形念珠状，长2~4cm。花期3~5月，果期7~11月。

产地分布 分布于黑龙江、吉林、辽宁、河北、内蒙古、山西、山东、河南、陕西、湖北、江西、安徽、江苏、浙江、福建、台湾等地。南昌市产于新建、安义等县区。

价值评述 根或全草入药，具杀虫、解毒、清热、利尿、止痛等功效。

黄连木 *Pistacia chinensis* Bunge   漆树科 Anacardiaceae

识别要点 落叶乔木；高达20m。树皮暗褐色，呈鳞片状剥落。幼枝灰棕色，具细小皮孔，疏被微柔毛或近无毛。奇数羽状复叶，小叶5～6对，对生或近对生，纸质，披针形或窄披针形，先端渐尖，基部偏斜，全缘。花单性异株，先花后叶，圆锥花序腋生，雄花序紧密；雌花序疏散，均被微柔毛；雄花花萼2～4裂，披针形或线状披针形，长1～1.5mm，雄蕊3～5枚。雌花花萼7～9裂，长0.7～1.5mm，外层2～4枚，披针形或线状披针形，内层5枚卵形或长圆形，无退化雄蕊。核果倒卵状球形，紫红色，成熟后具纵向条纹。花期3～4月，果期8～11月。

产地分布 分布于河北、山西、河南、山东、江苏、安徽、浙江、福建、台湾、江西、湖北、湖南、广东、海南、广西、贵州、云南、西藏、四川、陕西、甘肃等地。南昌市产于安义、新建、红谷滩、进贤等县区。

价值评述 木材坚韧致密，黄褐色，有光泽，优良的家具和雕刻用材；叶、树皮可入药，具生津、清热、利湿等功效；种子含油量高，是制取生物柴油的优质原料，亦可作为优良食用油。其花、叶、果均醒目而壮观，极具观赏价值。

黄檀 *Dalbergia hupeana* Hance　　　　　　　　　　　　　　**豆科 Fabaceae**

识别要点　落叶乔木；高达20m。树皮暗灰色，呈薄片状剥落。羽状复叶长15～25cm，小叶3～5对，椭圆形或长圆状椭圆形，先端钝或微凹，基部圆或宽楔形，两面细脉隆起。圆锥花序，疏被锈色短柔毛；花密集，长6～7mm，花序梗、花序分枝及花梗均被锈色或黄褐色短柔毛；苞片和小苞片卵形，脱落。花萼钟状，萼齿5枚，有锈色柔毛；花冠白色或淡紫色，花瓣具瓣柄，旗瓣圆形，基部无附属体，翼瓣倒卵形，龙骨瓣半月形；雄蕊二体，10枚；子房具短柄，胚珠2～3枚。荚果长圆形或宽舌状。种子肾形。花期5～7月，果期10～11月。

产地分布　分布于山东、江苏、安徽、浙江、福建、江西、河南、湖北、湖南、广东、广西、云南、贵州、四川、陕西、甘肃等地。南昌市产于安义、新建、红谷滩、进贤等县区。

价值评述　木材淡黄色或黄白色，坚硬致密，纹理悦目，为上等家具和装饰用材；根皮可入药，具清热解毒、止血消肿等功效。可作园林绿化树种。

檵木 *Loropetalum chinense* (R. Br.) Oliver

金缕梅科 Hamamelidaceae

识别要点 落叶灌木或小乔木；高达10m。多分枝，小枝有褐锈色星状毛。叶革质，卵形，顶端锐尖，基部钝且不对称，全缘，表面略有粗毛或光滑无毛，干后呈暗绿色，无光泽，下面覆盖星状毛，侧脉上面明显，下面突起；叶柄长2～5mm，有星状毛；托叶膜质，三角状披针形，早期脱落。花两性，3～8朵簇生，白色，先于新叶开放或与嫩叶同时开放。花瓣4片，分离，条形；萼筒杯状，萼齿卵形，花后脱落；雄蕊4枚，花丝极短，退化雄蕊与雄蕊互生，鳞片状；子房完全下位，被星状毛覆盖，花柱极短。蒴果卵圆形木质，覆盖褐色星状绒毛；种子长卵形，黑色有光泽。花期3～4月，果期9～10月。

产地分布 分布于安徽、福建、广东、广西、贵州、湖北、湖南、江苏、江西、四川、云南、浙江等地。南昌市内广布。

价值评述 可供药用，叶用于止血，根及叶用于跌打损伤，具祛瘀生新等功效。耐修剪，易生长，树形优美，枝繁叶茂，适应性强，是制作盆景及园林造景最为广泛的树种之一。

假婆婆纳 *Stimpsonia chamaedryoides* Wright ex A. Gray　　　报春花科Primulaceae

识别要点　一年生草本；高达20cm。全株被腺毛，茎直立或上升，常多条簇生，高6～18cm。基生叶椭圆形或宽卵形，先端圆钝，基部圆形或微心形，边缘有不整齐钝齿；叶柄与叶片等长或较短；茎叶互生，卵形至近圆形，向上渐次缩小呈苞片状，具短柄或无柄，边缘齿较深且锐尖。花多数，成总状花序；花梗长2～8mm；花萼长约2mm，分裂近达基部，裂片线状长圆形；花冠白色，筒部长约2.5mm，喉部有细柔毛，裂片稍短于筒部，楔状倒卵形，顶端微凹；花药近圆形，长约0.3mm；花柱棒状，长约0.6mm。蒴果球形，5瓣裂达基部，比宿存花萼短。花期4～5月，果期6～7月。

产地分布　分布于广西、广东、湖南、江西、安徽、江苏、浙江、福建、台湾等地。南昌市产于安义、新建、进贤等县区。

价值评述　全草可入药，具补肾强腰、解毒消肿等功效。体形小巧，开花时白色花朵点缀绿叶，具一定的观赏价值，可用作园林绿化。

截叶铁扫帚 *Lespedeza cuneata* (Dum.-Cours.) G. Don 豆科Fabaceae

识别要点 落叶灌木；高达1m。茎直立或斜升，被柔毛。叶具3枚小叶，密集；叶柄短；小叶楔形或线状楔形，先端平截或近平截，具小刺尖，基部楔形，上面近无毛，下面密被贴伏毛；托叶狭披针形。总状花序腋生，具2~4朵花；花序梗极短；小苞片卵形，长1~1.5mm，被白色伏毛；花萼狭钟形，5深裂，裂片披针形；花冠淡黄或白色，旗瓣基部有紫斑，翼瓣与旗瓣近等长，龙骨瓣稍长，先端带紫色；闭锁花簇生于叶腋。荚果宽卵形或近球形，宿存花萼与果近等长。花期7~8月，果期9~10月。

产地分布 分布于陕西、甘肃、山东、台湾、河南、湖北、湖南、广东、四川、云南、西藏等地。南昌市内广布。

价值评述 全株可入药，具活血清热、利尿解毒等功效。植株低矮，枝叶柔软鲜嫩，可作牛、羊等家畜的饲料。

金疮小草 *Ajuga decumbens* Thunb.

唇形科 Lamiaceae

识别要点 一年生或二年生草本。平卧或上升，具匍匐茎，茎长 10～20cm，表面被白色长柔毛或绵状长柔毛。基生叶较多，薄纸质，叶匙形或倒卵状披针形，先端钝或圆，基部渐窄下延，具不整齐波状圆齿或近全缘，具缘毛，两面疏被糙伏毛或柔毛，脉上密；叶柄具窄翅。轮伞花序多花，下部疏生，上部密集，组成长 7～12cm 的穗状花序；苞叶披针形；花萼漏斗形，三角形萼齿及边缘疏被柔毛；花冠淡蓝或淡红紫色，筒状，内具毛环，上唇圆形，先端微缺，下唇中裂片窄扇形或倒心形，侧裂片长圆形或近椭圆形。小坚果倒卵状三棱形，背部具网状皱纹，腹部有果脐。花期 3～7 月，果期 5～11 月。

产地分布 分布于江苏、安徽、浙江、台湾、江西、湖北、湖南、广东、广西、云南、四川、河南等地。南昌市内广布。

价值评述 全草可入药，具清热解毒、凉血平肝等功效。地被性强，开花繁密，观赏性较高，可用作园林绿化。

金毛耳草 *Hedyotis chrysotricha* (Palib.) Merr. 　　　　　　　茜草科 Rubiaceae

识别要点 多年生草本；高约30cm。茎表面被金黄色硬毛。叶对生，具短柄，薄纸质，椭圆形或卵形，顶端短尖或凸尖，基部楔形。叶面疏被粗硬短毛，背面密被黄色绒毛，脉上毛较密；托叶短合生，渐尖，边缘具疏齿。聚伞花序腋生，1～3朵花，金黄色柔毛，近无梗；花萼被柔毛，近球形，萼檐裂片披针形，长于萼管。花冠白色和淡紫色，漏斗状，长5～6mm，外被疏柔毛，内有髯毛，上部深裂，裂片线状长圆形。雄蕊内藏，花丝极短或缺；花柱中部有髯毛，柱头棒形，2裂。蒴果球形，具纵脉数条，直径约2mm，成熟时不开裂，内含数颗种子。花期几乎全年。

产地分布 分布于广东、广西、福建、江西、江苏、浙江、湖北、湖南、安徽、贵州、云南、台湾等地。南昌市内广布。

价值评述 全草入药，具清热除湿、解毒消肿、活血舒筋、凉血平肝等功效。耐阴和适应性强，可用于城乡绿地地被栽培。

金线草 *Persicaria filiformis* (Thunb.) Nakai　　　　　　　蓼科 Polygonaceae

识别要点　多年生草本；高约30cm。根状茎粗壮。茎直立，具糙伏毛，有纵沟，节部膨大。叶椭圆形或长椭圆形，顶端短渐尖或急尖，基部楔形，全缘，两面均具糙伏毛；长6～15cm，宽4～8cm；叶柄长1～1.5cm，具糙伏毛；托叶鞘筒状，膜质，褐色，长5～10mm，具短缘毛。总状花序呈穗状，通常数个，顶生或腋生；花序轴延伸，花排列稀疏，花梗长3～4mm；苞片漏斗状，绿色，边缘膜质，具缘毛；花被4深裂，红色，卵形，果时稍增大；雄蕊5枚；花柱2个，果时伸长，硬化，顶端呈钩状，宿存。瘦果卵形，双凸镜状，褐色，有光泽，包于宿存花被内。花期7～8月，果期9～10月。

产地分布　分布于陕西、甘肃及华东、华中、华南、西南等地区。南昌市产于安义、新建、南昌、进贤等县区。

价值评述　全草入药，具清热除湿、解毒消肿、活血舒筋等功效。株丛自然，花序奇特、细长如线，具有一定的观赏价值。

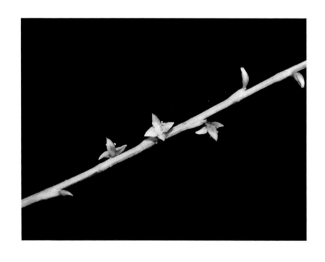

金线吊乌龟 *Stephania cephalantha* Hayata　防己科 Menispermaceae

识别要点　草质藤本。块根团块状或近圆锥状，褐色，表面有许多突起的皮孔。小枝细长，紫红色。叶纸质，三角状扁圆形或近圆形，先端具小凸尖，基部圆或近平截，边缘全缘或略带浅波状；掌状脉7～9条；叶柄细，长1.5～7cm。雌雄花序头状，具盘状托，雌花单个腋生，雄花排列成总状花序；雄花萼片6片，匙形，花瓣3～4片，近圆形或宽倒卵形，长约0.5mm；雌花萼片1～5枚，花瓣2～4片，肉质，较萼片小。核果宽倒卵圆形，长约6.5mm，成熟时呈红色。花期4～5月，果期6～7月。

产地分布　分布于江苏、浙江、福建、江西、安徽、湖北、湖南、广东、广西、贵州、四川、陕西等地。南昌市内产于安义、新建、南昌、进贤等县区。

价值评述　块根可入药，具抗结核、治胃溃疡、清热解毒、消肿止痛等功效。茎藤悬垂，可作花廊、篱栅、围墙垂直绿化材料，观赏性强。

井栏边草 *Pteris multifida* Poir.

凤尾蕨科 Pteridaceae

识别要点 多年生草本；高达45cm。根茎短而直立，先端被黑褐色鳞片。叶密而簇生，二型；不育叶柄较短，禾秆色或暗褐色，具禾秆色窄边；叶片卵状长圆形，尾状头，基部圆楔形，奇数一回羽状，羽片通常3对，对生，无柄，线状披针形，叶缘有不整齐的尖锯齿并有软骨质的边，下部1~2对通常分叉，有时近羽状，顶生三叉羽片及上部羽片的基部显著下延，在叶轴两侧形成宽3~5mm的狭翅；能育叶柄较长，羽片4~6对，狭线形，仅不育部分具锯齿。孢子囊群沿叶边连续分布，着生于叶缘内的联结小脉上；囊群盖为反卷的膜质叶缘形成；孢子四面型，灰色或几为黑色，表面通常粗糙或有疣状突起。

产地分布 分布于河北、山东、河南、陕西、江苏、安徽、浙江、台湾、福建、江西、湖北、湖南、广东、香港、广西、贵州、四川、云南等地。南昌市内广布。

价值评述 具清热利湿、凉血止血、外伤出血等功效。耐阴、耐湿，适合作为边坡或湿地的绿化植物；可盆栽供室内装点或作切叶，有良好的观赏价值。

九管血 *Ardisia brevicaulis* Diels

报春花科 Primulaceae

识别要点 常绿灌木；直立茎高达15cm。幼茎被微柔毛，无分枝。叶片坚纸质，窄卵形、卵状披针形或椭圆形，顶端急尖，基部楔形，近全缘，具不明显边缘腺点，叶面无毛，背面被微柔毛，中脉毛多，具疏腺点，侧脉7~13对，与中脉几成直角，至近边缘上弯并连成边缘脉；叶柄长1~2cm，具细柔毛。伞形花序着生于侧生花枝顶端，花枝长2~5cm，花梗长1~1.5cm。花粉红色，花萼连合，萼片披针形或卵形，具腺点，花瓣卵形，雄蕊较短。果球形，直径约6mm，鲜红色。花期6~7月，果期10~12月。

产地分布 分布于安徽南部、浙江、福建、台湾、江西、湖北、湖南、广东、广西、贵州、四川、云南等地。南昌市产于安义、新建等县区。

价值评述 全株入药，具祛风湿、清热解毒、活血止痛等功效；果实可食用，味道清甜。红色果实和紫红色茎，有较高的观赏价值。

识别要点 多年生草本；高达100cm。茎具3～5节，节下被白粉或微毛。叶鞘无毛，下部聚集秆基，质地厚实，内面棕红色，上部向外反卷；叶舌长0.5～3mm，带三角形耳状物，叶颈常被微毛。叶片线形，扁平，宽3～4mm，顶端渐尖成丝状，边缘微粗糙。伪圆锥花序稀疏，狭窄，具1～2回分枝；佛焰苞长1.5～2cm，宽约2mm；总状花序带紫色，长1～2cm，向后反折；无柄小穗长圆状披针形，长5～6mm，基盘钝；第一颖背部扁平，具宽翼，翼缘密生锯齿状微粗糙；雄蕊3枚，花药长约2mm；柱头棕褐色。花、果期7～10月。

产地分布 分布于河北、河南、山东、江苏、安徽、浙江、江西、福建、台湾、湖北、湖南等地。南昌市产于安义、新建、南昌、进贤等县区。

价值评述 全草入药，具祛风除湿、止泻、抗炎镇痛等功效；嫩叶可作饲料；茎叶可用于造纸或提取芳香油。

决明 *Senna tora* (Linnaeus) Roxburgh

豆科Fabaceae

识别要点 一年生亚灌木状草本；高达2m。一回偶数羽状复叶，叶轴上每对小叶间有棒状腺体1个；小叶3对，膜质，倒卵形或倒卵状长椭圆形，顶端圆钝而有小尖头，基部渐狭，偏斜；小叶柄长1.5～2mm；托叶线状，被柔毛，早落。花腋生，通常2朵聚生；总花梗长6～10mm；花梗丝状；萼片稍不等大，卵形或卵状长圆形，膜质，外面被柔毛，长约8mm；花瓣黄色，下面二片略长；能育雄蕊7枚，花药四方形，顶孔开裂，长约4mm，花丝短于花药；子房无柄，被白色柔毛。荚果纤细，近四棱形，两端渐尖，膜质；种子约25颗，菱形，光亮。花、果期为8～11月。

产地分布 分布于我国长江以南各地。南昌市产于安义、新建、南昌、进贤等县区。

价值评述 常用中药，具清肝明目、降脂降压、通便等功效；叶片可作茶饮，有助于降火消炎、清凉解热。

苦参 *Sophora flavescens* Alt. **豆科 Fabaceae**

识别要点 多年生草本或亚灌木，稀呈灌木状；高1m左右。茎具纹棱，幼枝有疏毛，后无毛。羽状复叶长20～25cm；小叶6～12对，互生或近对生，纸质，披针形至条状披针形，稀椭圆形，长3～4cm，宽1.2～2cm，先端渐尖，基部宽楔形或浅心形，下面密生平贴柔毛。总状花序顶生，长约15～20cm；花萼钟状，明显歪斜，具不明显波状齿，完全发育后近截平，长约6～7mm，有疏短柔毛或近无毛；花冠淡黄色，旗瓣匙形，翼瓣无耳。荚果长约5～8cm，于种子间微缢缩，呈不显明的串珠状，疏生短柔毛，有种子1～5颗。花期6～8月，果期7～10月。

产地分布 分布于我国南北各地。南昌市产于安义、新建、进贤等县区。

价值评述 全草入药，具清热利湿、抗菌消炎、健胃驱虫等功效；茎皮纤维可作织物；具良好的湿润及展布作用，可作辅助剂。

阔鳞鳞毛蕨 *Dryopteris championii* (Benth.) C. Chr.　　　　鳞毛蕨科 Dryopteridaceae

识别要点　多年生草本；高达80cm。根状茎横卧或斜升，密生深棕色或栗黑色披针形鳞片。叶簇生；叶柄长25～50cm，深禾秆色，密生棕色阔披针形鳞片；鳞片阔披针形，顶端渐尖，边缘有尖齿；叶片卵状披针形，厚纸质，长与叶柄几相等，宽20～30cm，顶部长渐尖，二回羽状，小羽片羽状浅裂或深裂；羽片约10～15对，披针形，基部近对生，上部互生，卵状披针形，基部稍收缩，顶端斜向叶尖；小羽片约10～13对，矩圆披针形，钝头，基部呈明显耳形，边缘浅裂或有疏钝齿。孢子囊群生于中脉两侧或裂片两侧，各排列成一行，囊群盖圆肾形，全缘。

产地分布　分布于山东、江苏、浙江、江西、福建、河南、湖南、湖北、广东、香港、广西、四川、贵州、云南、西藏等地。南昌市产于安义、新建、青山湖、南昌、进贤等县区。

价值评述　根茎药用，具清热解毒、平喘、止血敛疮、驱虫等功效。外观优美，可用于园林绿化或盆栽观赏。

雷公藤 *Tripterygium wilfordii* Hook. f. 卫矛科Celastraceae

识别要点 藤本灌木；高达3m。小枝棕红色，有4～6条细棱，密生瘤状皮孔和锈色短毛。叶椭圆形至宽卵形，先端急尖或短渐尖，基部阔楔形或圆形，边缘有细锯齿，侧脉4～7对，向叶缘弯曲；叶柄长5～8mm，密被锈色毛。聚伞圆锥花序顶生或腋生，长5～7cm，被锈毛；花杂性，白绿色，5数；花盘5浅裂；雄蕊生浅裂内凹处；子房三角形，不完全3室，每室胚珠2枚，通常仅1枚胚珠发育，柱头6浅裂。蒴果具三片膜质翅，矩圆形，翅上有斜生侧脉。种子1颗，黑色，细柱状。花期6～7月，果期7～8月。

产地分布 分布于台湾、福建、江苏、浙江、安徽、湖北、湖南、广西等地。南昌市产于安义、新建、进贤等县区。

价值评述 根或根的木质部可入药，具祛风、解毒、杀虫等功效；茎、叶和根可用作植物农药，提取物具较强的杀虫作用。具有独特的形态和攀缘能力，它常被用作城市垂直绿化的树种。但该植物有大毒，利用需谨慎。

识别要点　常绿乔木。小枝黄绿色，粗壮，具4～5条棱。叶革质，长椭圆形或倒卵状长椭圆形，先端急尖，基部楔形，边缘具粗浅齿，两面均黄绿色；中脉在叶面凸起，侧脉每边9～14条；叶柄长约1cm。穗状花序基部有分枝，长约3cm，密被短柔毛；苞片卵形，小苞片横椭圆形，宽约3mm；花萼5裂，无毛，裂片圆形，稍长于萼筒或等于萼筒，有缘毛；短穗状花序或短缩成密伞状，花冠白色，5深裂几达基部，有极短的花冠筒，裂片椭圆形；雄蕊40～50枚，花丝基部联生成五体雄蕊；花盘有毛和腺点，花柱长约3mm，柱头盘状。核果长圆形，顶端宿萼直立，核骨质，分开成3枚分核。花期3～5月，果期5～10月。

产地分布　分布于湖南、江西、浙江等地。南昌市产于新建区。

价值评述　树形优美，枝叶繁茂，叶厚革质光亮，叶小枝粗壮具棱，花繁盛香甜，是优良庭院风景树种和蜜源植物。

流苏树 *Chionanthus retusus* Lindl. et Paxt.　　　　　　　木樨科 Oleaceae

识别要点 落叶灌木或乔木；高达20m。小枝灰褐色或黑灰色，圆柱形，幼枝淡黄色或褐色，短柔毛覆盖。叶对生，革质，矩圆形、椭圆形、卵形或倒卵形，顶端钝圆，凹下，有时锐尖，全缘，少数有小锯齿（有时在一枝上同时出现）。聚伞状圆锥花序，着生在枝顶；苞片线形，疏被或密被毛，单性而雌雄异株或为两性花；花萼4深裂，裂片尖三角形或披针形；花冠白色，4深裂，裂片条状倒披针形，长10～20mm，花冠筒短，长2～3mm；雄蕊2枚，藏于筒内或稍伸出，药隔突出。果实椭圆状，被白粉，呈蓝黑色或黑色。花期3～6月，果期6～11月。

产地分布 分布于甘肃、陕西、山西、河北、河南、云南、四川、广东、福建、台湾等地。南昌市产于安义、进贤等县区。

价值评述 木材坚重细致，纹理美观，为制作家具、工艺品、器具的优质材料；芽、叶入药，具清热解毒、消肿止痛等功效；园艺中用作金桂的砧木，能够支持和促进金桂的生长，提升其生长质量和观赏价值；嫩叶可代茶，味道清香，清热解暑。

流苏子 *Coptosapelta diffusa* (Champ. ex Benth.) Van Steenis　　　**茜草科Rubiaceae**

识别要点　落叶藤本或灌木，通常长2～5m。枝条圆柱形，节明显，幼时密被黄褐色倒伏硬毛。叶坚纸质或革质，卵形或披针形，先端短尖、渐尖或尾尖，基部圆形，两面无毛，稀被长硬毛，侧脉3～4对；叶柄长2～5mm，托叶披针形，易脱落。花单生于叶腋，常对生。花萼无毛或有柔毛，萼筒卵形，萼裂片5枚，卵状三角形；花冠白色或黄色，高脚碟状，被绢毛，冠筒内面上部有柔毛，长圆形；雄蕊5枚，花药伸出；花柱长约1.3cm，柱头伸出。蒴果稍扁球形，有浅沟，淡黄色，果皮木质，萼裂片宿存，果柄纤细，长达2cm。种子近圆形，边缘流苏状。花期5～7月，果期5～12月。

产地分布　分布于福建、浙江、江苏、湖南、广东、广西、贵州等地。南昌市产于安义、新建等县区。

价值评述　根可入药，具祛风除湿、止痒等功效；嫩叶可代茶，具一定的保健作用，有助于清热解毒、利尿排毒。其独特花序和叶片形态在园艺布置中具一定的装饰价值，适用于园林绿化。

庐山野古草 *Arundinella hirta* var. *hondana* Koidzumi

禾本科 Poaceae

识别要点 多年生草本；高达 100cm。径约 2mm，无毛；节呈淡褐色，无毛。叶鞘具疣毛，鞘口具长柔毛；叶舌长约 0.5mm；叶片线状披针形，长约 10cm，宽约 1cm，表面覆盖硬疣毛，后期脱落。圆锥花序紧缩，长 8～22cm，直径 1～2cm，小穗排列较密，长约 4.8mm，孪生小穗柄分别长约 1.5mm 和 4mm，两颖密被硬疣毛；第一颖长 4～4.4mm，具 5 脉；第二颖长约 4.4mm，具 5 脉；第一小花长约 3.7mm，内稃甚短，长约 2mm；第二小花长 3.1～3.5mm，顶端具长约 1mm 的芒状小尖头；花药长约 2mm。花、果期 7～10 月。

产地分布 分布于江西。南昌市产于安义、新建、进贤等县区。

价值评述 幼嫩时质地柔软，营养丰富，是牲畜的优质饲料。根茎发达，耐旱耐贫瘠，具较强的固土能力，被广泛应用于护坡、固堤和水土保持工程，是良好的固土护坡绿化材料。

鹿藿 *Rhynchosia volubilis* Lour.　　　　　　　　　　**豆科 Fabaceae**

识别要点　草质藤本。全株各部多少生开展的柔毛。叶为羽状3小叶；小叶纸质，顶生小叶菱形或倒卵状菱形，侧生小叶偏斜而较小，先端钝，基部圆形，两面密生灰色或淡黄色长柔毛，下面有红褐色腺点，基出脉3条；叶柄及小叶柄亦密生白色长柔毛。总状花序腋生，1个或2~3个花序同生一叶腋间；萼钟状，萼齿5枚，披针形，外面有毛及腺点；花冠黄色，长约8mm；子房有毛和密集的腺点。荚果长椭圆形，红褐色，顶端有小喙，稍有毛，种子间略收缩。种子1~2颗，椭圆形，光亮。花期5~8月，果期9~12月。

产地分布　分布于江苏、安徽、江西、福建、台湾、广东、广西、湖南、湖北、四川等地。南昌市产于安义、新建、东湖、南昌、进贤等县区。

价值评述　茎叶入药，具祛风除湿、活血、解毒、消积散结、消肿止痛、舒筋活络等功效。

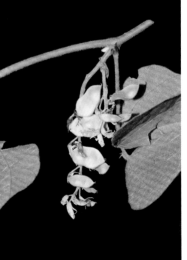

麦李 *Prunus glandulosa* Thunb.　　　　　　　　　蔷薇科 Rosaceae

识别要点　落叶灌木；高达1.5m。小枝灰棕色或棕褐色，无毛或嫩枝被短柔毛。叶片长圆披针形或椭圆披针形，长2.5～6cm，宽1～2cm，先端渐尖，基部楔形，最宽处在中部，边有细钝重锯齿；托叶线形，长约5mm。花单生或2朵簇生，花叶同开或近同开；花梗长6～8mm；萼筒钟状，长宽近相等，无毛，萼片三角状椭圆形，先端急尖，边有锯齿；花瓣白色或粉红色，倒卵形；雄蕊30枚；花柱稍比雄蕊长。核果红色或紫红色，近球形，直径1～1.3cm。花期3～4月，果期5～8月。

产地分布　分布于陕西、河南、山东、安徽、浙江、福建、广东、广西、湖南、湖北、四川、贵州、云南等省区。南昌市产于安义、新建等县区。

价值评述　果实和果仁入药，具生津止渴、润肠通便、下气利水等功效；果实中含有丰富的营养成分，可以食用。花朵繁茂，花瓣小巧玲珑，清新淡雅，满树灿烂，具有很高的观赏价值。

芒 *Miscanthus sinensis* Anderss.　　　　　　　　禾本科 Poaceae

识别要点　多年生草本；高达2m。无毛或在花序以下疏生柔毛。叶片线形，宽6～10mm，下面疏生柔毛及被白粉，边缘粗糙。圆锥花序长15～40cm，主轴长不超过花序的一半；分枝较粗硬，直立，长10～30cm；穗轴不断落；节间与小穗柄都无毛；小穗成对生于各节，披针形，长5～7mm，黄色有光泽，含2朵小花，基盘的毛稍短或等长于小穗，具白色或淡黄色的丝状毛；第一颖两侧有脊，脊间2～3脉，背部无毛；芒自第二外稃裂齿间伸出，膝曲；雄蕊3枚；柱头自小穗两侧伸出。颖果长圆形，暗紫色。花、果期7～12月。

产地分布　分布于江苏、浙江、江西、湖南、福建、台湾、广东、海南、广西、四川、贵州、云南等地。南昌市内广布。

价值评述　秆纤维用途广，可作造纸原料等；对重金属污染土壤有修复作用。株形高大，叶片细长柔美，常用于园林绿化。

识别要点 落叶小乔木或灌木状；通常高达5m。叶长椭圆形或倒卵状椭圆形，先端短尖或渐尖，基部宽楔形或圆形，基部对称至一侧偏斜，疏生粗锯齿，表面无毛，叶背被灰黄色腺鳞，幼叶沿叶背脉两侧疏被单毛，侧脉9～18对，直达齿尖；叶柄长5～9mm，托叶窄，长0.7～1.5cm，花期仍未脱落。雄花序长5.5～11cm，雄花簇有花3～5朵；2～3个总苞散生雄花序基部，或单生，每总苞具3～5朵雌花，花柱9个或6个。壳斗密生尖刺，每壳斗具1～5个果；果无毛或顶部疏生伏毛。花期5～7月，果期9～11月。

产地分布 分布于江苏、安徽、浙江、福建、江西、湖北、湖南、广东、广西、云南、贵州、四川、甘肃、陕西、河南等地。南昌市产于安义、新建、青山湖、进贤等县区。

价值评述 木材坚硬、耐水湿，可作建筑或家具良材；幼树可作嫁接板栗的砧木；果实、根、叶可入药，具安神、消食健胃、清热解毒等功效；果供食用，并可制淀粉、酿酒。

牡荆 *Vitex negundo* var. *cannabifolia* (Sieb.et Zucc.) Hand.-Mazz.　　　**唇形科Lamiaceae**

识别要点 落叶灌木或小乔木；高达5m。小枝四棱形。叶对生，掌状5小叶复叶，少有3；小叶片披针形或椭圆状披针形，顶端渐尖，基部楔形，边缘有粗锯齿，表面绿色，背面淡绿色，通常被柔毛。圆锥花序顶生，长10～20cm；花冠淡紫色。果实近球形，黑色。花期6～7月，果期8～11月。

产地分布 分布于华东各省及河北、湖南、湖北、广东、广西、四川、贵州、云南等地。南昌市产于安义、新建、红谷滩、青云谱、南昌、进贤等县区。

价值评述 叶入药，具调和胃气、止咳平喘等功效。杂木类树桩盆景的优良树种。

木蜡树 *Toxicodendron sylvestre* (Sieb. et Zucc.) O. Kuntze　　　　漆树科 Anacardiaceae

识别要点　落叶乔木或小乔木；高达10m。芽及小枝被黄褐色绒毛。奇数羽状复叶互生，具7～13枚小叶，叶轴及叶柄密被黄褐色绒毛，叶柄长4～8cm；小叶对生，纸质，卵形或卵状椭圆形，长4～10cm，先端渐尖或稍骤尖，基部圆或宽楔形，全缘，叶面中脉密被卷曲微柔毛，叶背密被柔毛或仅脉上较密；小叶具短柄或近无柄。圆锥花序长8～15cm，为叶长一半，被锈黄色绒毛，总梗长1.5～3cm。花黄色，花梗被卷曲微柔毛；花萼无毛，裂片卵形；花瓣长圆形，长约1.6mm，具暗褐色脉纹；雄蕊伸出，花丝线形。核果极偏斜，侧扁，无毛，有光泽，熟后不裂。花期5～6月，果期7～10月。

产地分布　分布于长江以南各地。南昌市产于安义、新建、进贤等县区。

价值评述　茎、叶均可入药，具破血通经、消积杀虫等功效；树干韧皮可割取生漆，为中国传统优良的防腐、防锈的涂料；种子油可制肥皂、油墨及油漆；秋叶红色，可作风景林树种。全株有毒，对生漆过敏者皮肤接触会生"漆疮"。

南烛 *Vaccinium bracteatum* Thunb.　　　　　　　　　　杜鹃花科Ericaceae

识别要点　常绿灌木或小乔木；高可达9m。花序轴、花梗及萼筒被柔毛。叶椭圆形、菱状椭圆形、披针状椭圆形或披针形，薄革质，先端尖或渐尖，基部楔形，有细齿，两面无毛，侧脉5～7对；叶柄无毛或被微毛。总状花序，多花；苞片披针形，边缘有齿；小苞片2枚；萼齿短小而明显；花冠白色，筒状，密被柔毛；裂片短小，外折。浆果成熟时紫黑色，被毛。花期6～7月，果期8～10月。

产地分布　分布于河南、安徽、江苏、浙江、福建、台湾、江西、湖北、湖南、广东、香港、海南、广西、贵州、云南、四川等地。南昌市内广布。

价值评述　果实可入药，名"南烛子"，有强筋益气、固精等功效；枝叶可以提取染料，用于传统的黑米染色，称"乌饭"；果实可食用，味酸甜。可作盆景，有观赏价值。

糯米条 *Abelia chinensis* R. Br.　　　　　　　　　　忍冬科Caprifoliaceae

识别要点 落叶灌木；高达2m。嫩枝、花梗和萼筒被柔毛。嫩枝红褐色，老枝皮纵裂。叶对生，有时3枚轮生，圆卵形或椭圆状卵形；叶柄基部不扩大。聚伞花序生于小枝上部叶腋，由多数花序集合成圆锥状花簇；花芳香，具3对小苞片；萼筒圆柱形，稍扁，萼檐5裂，果期变红色；花冠白色或红色，漏斗状，裂片5枚，圆卵形；花丝伸出花冠筒外；花柱细长，亦伸出花冠筒外，柱头盘形。果具宿存稍增大萼裂片。花期9～11月，果期10月至翌年1月。

产地分布 分布于浙江、江西、福建、台湾、湖北、湖南、广东、广西、四川、贵州、云南等地。南昌市产于安义、新建、青云谱、南昌、进贤等县区。

价值评述 具药用价值，枝、叶具清热解毒、凉血止血等功效。花期长，花香浓郁，适合作为庭院或公园观赏植物，也是盆花和切花的材料。

朴树 *Celtis sinensis* Pers. 大麻科 Cannabaceae

识别要点 落叶乔木；高达30m。一年生枝密被柔毛。芽鳞无毛。叶卵形或卵状椭圆形，先端尖或渐尖，基部近对称或稍偏斜，近全缘或中上部具圆齿；叶柄长0.3～1cm。果单生叶腋，稀2～3个集生，近球形，径5～7mm，成熟时黄色或橙黄色；果柄与叶柄近等长或稍短，被柔毛；果核近球形，白色，具肋及蜂窝状网纹。花期3～4月，果期9～10月。

产地分布 分布于河北、山东、江苏、安徽、浙江、福建、台湾、江西、湖北、湖南、广东、海南、广西、贵州、四川、陕西、甘肃、河南等地。南昌市内广布。

价值评述 木材坚韧耐用，可用于家具制作；树皮和根皮能祛风透疹、消食化滞；果实清热利咽；叶具清热、凉血、解毒等功效；树皮纤维可代麻制绳、织袋，或为造纸原料；种子油可制肥皂或作润滑油。姿态优美，树冠开阔，适合城市绿化和庭院栽培。

七星莲 *Viola diffusa* Ging.

董菜科 Violaceae

识别要点 一年生草本。无地上茎，根状茎短，匍匐枝先端具莲座状叶丛。叶基生，莲座状，或互生于匍匐枝上；叶卵形或卵状长圆形，边缘具钝齿及缘毛，幼叶两面密被白色柔毛；叶柄具翅，托叶基部与叶柄合生，线状披针形。花较小，淡紫色或浅黄色；花梗纤细，中部有1对小苞片；萼片披针形；侧瓣倒卵形或长圆状倒卵形，长6～8mm，内面无须毛，下瓣连距长约6mm，距极短；柱头两侧及后方具肥厚的缘边。果梗直立，蒴果长圆形，无毛。花期3～5月，果期5～8月。

产地分布 分布于河北、河南、安徽、江苏、浙江、台湾、福建、江西、湖北、湖南、广东、香港、海南、广西、贵州、云南、西藏、四川、甘肃、陕西等地。南昌市内广布。

价值评述 全草可入药，具清热解毒、消肿止痛等功效；幼嫩植株可食用作蔬菜。植株低矮，花色淡雅，可作为地被植物用于园林绿化，具一定观赏价值。

千金藤 *Stephania japonica* (Thunb.) Miers   防己科 Menispermaceae

识别要点 落叶木质藤本。全株无毛。根条状，褐黄色。小枝纤细。叶三角状圆形或三角状宽卵形，长、宽近相等，下面粉白，掌状脉10～12条；叶柄盾状着生。复伞形聚伞花序腋生，伞梗4～8个，小聚伞花序近无梗，密集成头状；花近无梗，雄花萼片两轮，每轮3或4枚，倒卵状椭圆形或匙形，花瓣3或4片，黄色，稍肉质，宽倒卵形雌花萼片及花瓣3～4片，与雄花的相似或较小。核果倒卵形或近球形，红色；果核背部具2行小横肋状雕纹小横肋常断裂，胎座迹不穿孔。花期5～6月，果期8～9月。

产地分布 分布于江苏、安徽、浙江、福建、海南、江西、湖南、湖北、河南、四川、贵州等地。南昌市产于安义、新建、南昌、进贤等县区。

价值评述 根含多种生物碱，具祛风活络、利尿消肿等功效；块根可酿酒和制作食品。生长迅速，适应性强，可作为攀缘绿化植物。

清香藤 *Jasminum lanceolaria* Roxburgh

木樨科Oleaceae

识别要点 常绿木质藤本。叶对生或近对生，革质，三出复叶，叶柄具沟，小叶片卵形至披针形，先端钝或尾尖，基部圆形或楔形。复聚伞花序常排列呈圆锥状，顶生或腋生，有花多朵，密集，花芳香；花萼筒状，果时增大；花冠白色，高脚碟状，花柱异长。果球形或椭圆形，黑色，干时呈橘黄色。花期4～10月，果期6月至翌年3月。

产地分布 分布于长江流域以南各省区以及台湾、陕西、甘肃等地。南昌市产于安义县。

价值评述 根、茎可入药，具祛风除湿、凉血解毒等功效。其花洁白素雅，可用于小型棚架、花架等，具观赏价值。

清香藤 *Jasminum lanceolaria* Roxburgh

木樨科Oleaceae

软条七蔷薇 *Rosa henryi* Bouleng.　　蔷薇科 Rosaceae

识别要点 落叶灌木；高达 5m。小枝具皮刺或无刺，花枝无刺。羽状复叶；通常为 5 枚小叶，但近花序的小叶常为 3 枚，椭圆形或椭圆状卵形，无光泽，长 3.5～9cm，下面无腺，边缘有单锯齿，下面苍白色，无毛；叶柄和叶轴散生皮刺；宿存托叶窄，全缘，大部分附着于叶柄。花成伞形伞房状花序；花梗、萼筒常无毛，稀具腺毛；花白色，芳香；萼裂片卵状披针形，反折。蔷薇果球形，直径 8～10mm，暗红色。花期 4～5月，果期 8～10 月。

产地分布 分布于陕西、河南、安徽、江苏、浙江、江西、福建、广东、广西、湖北、湖南、四川、云南、贵州等地。南昌市产于新建、安义、进贤等县区。

价值评述 根、果实可入药，具消肿止痛、祛风除湿等功效。其枝条柔软细长，易于攀缘，花朵繁多、芳香，观赏价值高，常用于园林垂直绿化。

赛山梅 *Styrax confusus* Hemsl.　　安息香科 Styracaceae

识别要点 落叶小乔木；高达 8m。嫩枝、幼叶、花序梗、花梗、小苞片及果均密被短柔毛。叶互生，叶片椭圆形，倒卵状椭圆形或长圆状椭圆形，革质。总状花序顶生，花 3～8 朵；花白色；花萼杯状；花冠裂片披针形，花蕾时镊合状排列或稍呈内向覆瓦状排列；花丝扁平，下部联合成管，上部分离；花药长圆形。果近球形到倒卵球形，径 0.8～1.5cm，果皮厚 1～2mm，常具皱纹。种子倒卵形，褐色，平滑或具深皱纹。花期 4～6月，果期 9～11 月。

产地分布 分布于四川、贵州、广西、广东、湖南、湖北、安徽、江苏、江西、浙江、福建等地。南昌产于安义、新建、南昌、进贤等县区。

价值评述 全株可入药，具镇咳祛痰、消炎止痛等功效；树皮可提取芳香树脂——安息香，可制香料、药物和化妆品；种子油可供制润滑油、肥皂和油墨等。花芳香，适应性强，可用于城乡绿地栽培。

三白草 *Saururus chinensis* (Lour.) Baill.

识别要点 多年生湿生草本；高达120cm。茎粗壮，下部伏地，无毛。叶纸质，卵形或披针状卵形，顶端渐尖或短渐尖，基部心形，基出脉5～7条，在花序下的2～3枚叶于花期常为乳白色；叶柄基部与托叶合生成鞘状。总状花序生在茎上端，花序轴和花梗有短柔毛；花两性，无花被，生于苞片腋内；苞片卵圆形；雄蕊6枚；子房上位，柱头4个，向外卷曲。蒴果，分果爿4个，近球形，表面多疣状凸起，不开裂。花期4～6月，果期6～9月。

产地分布 分布于河北、山东、河南和长江流域及其以南地区。南昌市产于新建、青山湖等县区。

价值评述 根茎或全草入药，具利尿消肿、清热解毒等功效。根系发达，可作湿地生态恢复的先锋植物；植株形态优美，可用于湿地水景观赏植物。

三角槭 *Acer buergerianum* Miq.　　　　　　　　　　　无患子科 Sapindaceae

识别要点　落叶乔木；高达20m。幼枝、幼叶、花被柔毛。树皮灰褐色，裂成薄条片剥落。幼枝稍被蜡粉。叶纸质，卵形或倒卵形，3裂或不裂，先端短渐尖，基部圆，全缘或上部疏生锯齿；叶下面被白粉；基脉三出。伞房花序顶生；萼片卵形；花瓣黄绿色；花柱短，2裂。双翅果长2.5～3cm，翅宽0.8～1cm，两翅近直立或成锐角，小坚果凸起。花期4月，果期8月。

产地分布　分布于甘肃、陕西、河南、山东、江苏、安徽、浙江、福建、江西、湖北、湖南、广东等地。南昌市产于安义县、新建、红谷滩、南昌、进贤等县区。

价值评述　木材质地坚硬，红褐色，为优良家具用材。树形优美，秋季叶色绚丽，是城乡绿化和庭院观赏优良树种。

伞房花耳草 *Hedyotis corymbosa* (L.) Lam.　　　　　　　茜草科 Rubiaceae

识别要点　一年生草本。分枝极多，无毛或粗糙。茎和枝方柱形。叶膜质或纸质，线形或线状披针形，边缘粗糙，背卷，两面略粗糙或上面中脉凹下，有极稀疏柔毛，下面平或微凸，侧脉不明显；近无叶柄，托叶膜质，平截，有刺毛。花序腋生，有2～4朵花，稀单花，花序梗线形，纤细。花萼被微柔毛；花冠白或淡红色，筒状，冠筒喉部无毛，花冠裂片短于冠筒。蒴果球形，有数条不明显纵棱，成熟时顶部室背开裂。花期3～5月，果期6～7月。

产地分布　分布于福建、台湾、江西、湖北、湖南、广东、香港、海南、广西、云南、贵州、四川及安徽南部、浙江南部等地。南昌市产于新建、安义、南昌、进贤等县区。

价值评述　全草可入药，具清热解毒、利尿消肿、活血止痛等功效。

山矾 *Symplocos sumuntia* Buch.-Ham. ex D. Don　　　　山矾科 Symplocaceae

识别要点　常绿乔木；高达10m。嫩枝褐色，圆形。叶薄革质，卵形、窄倒卵形或倒披针状椭圆形，先端尾尖，基部楔形或圆，具浅锯齿或波状齿，有时近全缘，上面中脉凹下，侧脉和网脉在两面凸起。总状花序顶生或腋生，被柔毛；苞片早落，密被柔毛；花萼长2～2.5mm，萼筒倒圆锥形，裂片三角状卵形；花冠白色，5深裂几达基部；雄蕊25～35枚；花盘环状，无毛；子房3室。核果卵状坛形，长7～10mm，外果皮薄而脆，顶端宿萼裂片直立，有时脱落。花期2～3月，果期6～7月。

产地分布　分布于江苏、浙江、福建、台湾、广东、广西、江西、湖南、湖北、四川、贵州、云南等地。南昌市产于安义、新建、进贤等县区。

价值评述　根、花、叶均可入药，具清热利湿、理气化痰等功效。花繁盛香甜，山矾为重要的蜜源树种。

山油麻 *Trema cannabina* var. *dielsiana* (Hand.-Mazz.)C.J.Chen　　大麻科 Cannabaceae

识别要点　灌木或小乔木；高达6m。小枝紫红色，后渐变为棕色，密被斜伸的粗毛。叶薄纸质，基出三脉，叶面被糙毛，粗糙，后渐脱落，叶背密被柔毛，在脉上有粗毛；叶柄被伸展的粗毛。花单性，雌雄同株，雌花序常生于花枝的上部叶腋，雄花序常生于花枝的下部叶腋，或雌雄同序，聚伞花序一般长过叶柄；雄花具梗，直径约1mm，花被片5枚，倒卵形，外面无毛或疏生微柔毛；花药外常有紫色斑点。核果近球形或阔卵圆形，微压扁，熟时橘红色，有宿存花被。花期4～5月，果期8～9月。

产地分布　分布于江苏南部、安徽、浙江、江西、福建、湖北、湖南、广东、广西、四川、贵州等地。南昌产于安义、新建、南昌、进贤等县区。

价值评述　根、叶可入药，清热解毒，止痛，止血；韧皮纤维供制麻绳、纺织和造纸；种子油可制肥皂和润滑油等。

扇叶铁线蕨 *Adiantum flabellulatum* L.　　　　　凤尾蕨科 Pteridaceae

识别要点　多年生草本；高达45cm。根状茎直立，有密集的亮棕色披针形鳞片。叶簇生，近革质，除叶柄、各回羽轴和小羽柄上有短硬毛外，羽片和囊群盖光滑；叶柄亮紫黑色；叶片扇形，二至三回不对称的二叉分枝；羽片条状披针形，通常中央的较长；小羽片扇形或斜方形，外缘或上缘浅裂。叶脉扇形分叉。孢子囊群生于由裂片顶部变质反折的囊群盖下面；囊群盖半圆形至矩圆形。

产地分布　分布于台湾、福建、江西、广东、海南、湖南、浙江、广西、贵州、四川、云南等地。南昌市产于新建、南昌、进贤等县区。

价值评述　全草可入药，具清热解毒、舒筋活络、消肿止痛等功效。耐阴性强，可作室内绿化或盆景，具一定观赏价值。

石斑木 *Rhaphiolepis indica* (Linnaeus) Lindley　　　　　蔷薇科 Rosaceae

识别要点　常绿灌木；高达4m。小枝幼时生褐色绒毛，后脱落。叶片革质、卵形、矩圆形，稀矩圆状披针形，长2～8cm，先端圆钝、急尖或短渐尖，边缘有细钝锯齿，上面平滑或有不显明脉纹，两面无毛或下面疏生绒毛。圆锥花序或总状花序顶生，总花梗和花梗密生锈色绒毛；花白色或淡红色，径10～15mm。梨果球形，紫黑色，径5～8mm。花期4月，果期7～8月。

产地分布　分布于安徽、浙江、江西、湖南、贵州、云南、福建、广东、广西、台湾等地。南昌市产于新建、进贤等县区。

价值评述　木材带红色，质重坚韧，可作器物原料；果实可食；根、叶可入药，活血消肿，凉血解毒。花朵秀丽，观赏价值极高。

石蕨 *Pyrrosia angustissima* (Giesenh. ex Diels) C.m. Kuo

水龙骨科 Polypodiaceae

识别要点 多年生草本；高达12cm。根状茎细长横走，密被鳞片；鳞片卵状披针形，边缘具细齿，红棕色至淡棕色，盾状着生。叶远生，几无柄，基部以关节着生；叶片线形钝尖头，基部渐狭缩，边缘向下强烈反卷；主脉在下面隆起，小脉网状，沿主脉两侧各构成一行长网眼。孢子囊群线形，沿主脉两侧各成一行，位于主脉与叶缘之间，幼时全被反卷的叶边覆盖，成熟时张开，孢子囊外露；孢子椭圆形，单裂缝，周壁上面具分散的小瘤，外壁光滑。

产地分布 分布于台湾、福建、浙江、江西、广东、湖南、贵州、四川、湖北、安徽、河南、陕西、山西、甘肃等地。南昌市产于安义、新建等县区。

价值评述 全株入药，具清热利湿、凉血止血等功效。外形独特，可用于石头或岩壁点缀。

石栎（柯） *Lithocarpus glaber* (Thunb.) Nakai

壳斗科 Fagaceae

识别要点 常绿乔木；高15m。小枝密生灰黄色绒毛。叶片革质或厚纸质，呈倒卵形、椭圆形或长椭圆形，两端渐狭，先端短尾尖，基部楔形，叶缘有浅裂齿或全缘；中脉在叶面微凸，侧脉每边少于10条，支脉不明显，叶背面几无毛，有较厚蜡鳞层。雄花序为穗状或圆锥花序，花序轴有短绒毛；雌花序有少数雄花，雌花每3朵一簇。果序轴被短柔毛，壳斗碟状或浅碗状，顶端边缘薄，基部增厚，苞片三角形，密被灰色毛。坚果椭圆形或长卵形，略被白粉，基部和壳斗愈合；果脐内陷，直径3~5mm。花期7~11月，果期为翌年7~11月。

产地分布 分布于秦岭南坡以南各地。南昌市内广布。

价值评述 木材呈灰褐色，纹理直，质地坚硬，可供建筑、家具等用材；果可生食、炒食或酿酒；壳斗含单宁，可提栲胶；树皮有利水消肿等功效；花序有健胃消食、杀虫等功效。

石韦 *Pyrrosia lingua* (Thunb.) Farwell　　　　　　　　水龙骨科 **Polypodiaceae**

识别要点 多年生草本；高达 30cm。根状茎如粗铁丝，长而横走，密生鳞片，鳞片披针形，有睫毛。叶近二型，远生，革质，上面绿色，偶有一、二星状毛，并有小凹点，下面密覆灰棕色星状毛，不育叶和能育叶同形或略较短而阔，叶柄基部均有关节；能育叶柄长 5～10cm；叶片披针形至矩圆披针形，长达 20cm，宽可达 4cm，平展，光滑无毛，下面侧脉多少凸起可见。孢子囊群在侧脉间紧密而整齐地排列，初为星状毛包被，成熟时露出呈砖红色，无盖。

产地分布 主要分布于长江以南各省份，北至甘肃，西到西藏，东至台湾。南昌产于安义、新建等县区。

价值评述 全草入药，有利水通淋、清肺化痰、凉血止血等功效。

算盘子 *Glochidion puberum* (L.) Hutch.　　　　叶下珠科Phyllanthaceae

识别要点　常绿灌木；高达5m。小枝、叶下面、萼片外面、子房和果均密被柔毛。叶长圆形、长卵形或倒卵状长圆形，宽1~2.5cm，基部楔形，两侧相等，侧脉5~7对，网脉明显；托叶三角形。花雌雄同株或异株，2~5朵簇生叶腋；萼片6枚，窄长圆形或长圆状倒卵形，长2.5~3.5mm；雄蕊3枚，合生成圆柱状；花柱合生呈环状，与子房等长。蒴果扁球状，有纵沟，熟时带红色，花柱宿存。花期4~8月，果期7~11月。

产地分布　分布于山东、江苏、安徽、浙江、福建、台湾、江西、湖北、湖南、广东、香港、海南、广西、贵州、云南、西藏、四川、甘肃、陕西、河南等地。南昌市内广布。

价值评述　根、茎、叶和果实均可药用，具活血散瘀、消肿解毒等功效；全株可提制栲胶；叶可作绿肥；种子还可榨油，供制肥皂、润滑油等。

土丁桂 *Evolvulus alsinoides* (L.) L.　　　　　　　　　　　旋花科 Convolvulaceae

识别要点 多年生草本，平卧或上升。茎细长，被平伏柔毛。叶长圆形、椭圆形或匙形，先端钝具小尖头，基部圆或渐窄，两面疏被平伏柔毛，侧脉不明显；叶柄短或近无柄。花单生或几朵组成聚伞花序，花序梗丝状，被平伏毛。萼片披针形，长3～4mm，被长柔毛；花冠辐状，蓝色或白色；雄蕊5枚，内藏，花丝丝状，长约4mm，贴生花冠筒基部；花柱2个，每1个花柱顶端2尖裂，具圆柱状柱头。蒴果球形。种子4颗或较少，黑色，平滑。花期5～9月，果期10～11月。

产地分布 分布于安徽、浙江、福建、台湾、江西、湖北、湖南、广东、海南、广西、云南及四川等地。南昌市产于安义、红谷滩、南昌、进贤等县区。

价值评述 全草可入药，具散瘀止痛、清湿热、平肝明目等功效；民间常被用药膳食材，其香味似桂皮，用来炖鸡、炖肉等，可科学开发利用。

娃儿藤 *Tylophora ovata* (Lindl.) Hook. ex Steud. 　　　　　夹竹桃科Apocynaceae

识别要点 常绿木质藤本。全株被锈色糙硬毛或柔毛。叶坚纸质，卵形，基部心形，两面被柔毛，侧脉4～6对。聚伞花序具多花，花序轴曲折；花梗丝状；花萼裂片钻状渐尖或卵形，具缘毛；花冠淡黄或黄绿色，辐状，无毛或被微柔毛，裂片长圆状卵形或卵形；副花冠裂片卵球形，顶端达花药中部；柱头五角状，顶端扁平。蓇葖果披针状圆柱形或长圆状披针形，被微柔毛或无毛。种子卵圆形，长5～7mm，种毛长2～3.5cm。花期4～8月，果期8～12月。

产地分布 分布于台湾、福建、湖南、广东、香港、海南、广西、云南、贵州、四川等地。南昌市产于进贤县。

价值评述 全株药用，具祛风、止咳、化痰、催吐、散瘀等功效，用于治疗呼吸道疾病。可作园林绿化、垂直绿化植物。

网络夏藤（鸡血藤）*Wisteriopsis reticulata* (Benth.) J. Compton & Schrire　豆科Fabaceae

识别要点　大型常绿木质藤本。茎左旋。小枝有细棱，初被黄色细柔毛；老枝褐色。羽状复叶长10～20cm，叶柄无毛，托叶锥形；小叶7～9枚，硬纸质，卵状椭圆形或长圆形，两面无毛，侧脉6～7对，两面均隆起。花单生，花萼宽钟形，无毛，萼齿短钝，边缘有黄色绢毛；花冠紫红色，旗瓣卵状长圆形，无毛，无胼胝体，翼瓣和龙骨瓣稍长于旗瓣；子房无毛，胚珠多数。荚果线形，长达15cm，扁平，干后黑褐色，缝线不增厚，果瓣薄革质，开裂后卷曲，具3～6颗种子。种子长圆形。花期4～8月，果期6～11月。

产地分布　分布于江苏、安徽、浙江、江西、福建、台湾、湖北、湖南、广东、海南、广西、四川、贵州、云南等地。南昌市内广布。

价值评述　藤茎入药，具补血活血、舒筋通络等功效；可用于编织和制作工艺品。具观赏性，花序密集，可作攀缘藤架、垂直绿化植物。

卫矛 *Euonymus alatus* (Thunb.) Sieb.

识别要点 半常绿或常绿灌木，高达3m。小枝常具2～4列宽阔木栓翅。冬芽圆形，芽鳞边缘具不整齐细坚齿。叶卵状椭圆形，窄长椭圆形，偶为倒卵形，边缘具细锯齿，两面光滑无毛。聚伞花序1～3朵花；花白绿色；萼片半圆形；花瓣近圆形；雄蕊着生花盘边缘处，花丝极短，开花后稍增长，长约1mm，花药宽阔长方形，2室顶裂。蒴果1～4深裂，裂瓣椭圆状。种子椭圆状或阔椭圆状，种皮褐色或浅棕色，假种皮橙红色，全包种子。花期5～6月，果期7～10月。

产地分布 除东北、新疆、青海、西藏、广东及海南以外，全国各地均有分布。南昌市产于安义、新建、南昌、进贤等县区。

价值评述 根、带翅的枝叶，具除邪解毒、破血通经、杀虫等功效，称"鬼箭羽"。枝翅奇特，秋叶红艳耀目，具有较高观赏价值。

乌毛蕨 *Blechnopsis orientalis* C. Presl

识别要点 多年生草本；高达2m。根状茎粗短，直立。叶簇生，叶片长50～120cm，宽25～40cm，阔披针形，软革质；一回羽状，羽片条状披针形，下部羽片缩短。孢子囊群条形，沿主脉两侧着生，囊群盖圆形，开向主脉。

产地分布 分布于广东、广西、海南、台湾、福建、西藏、四川、重庆、云南、贵州、湖南、江西、浙江等地。南昌市产于安义、新建、红谷滩、南昌、进贤等县区。

价值评述 根茎可入药，具清热解毒、杀虫、止血等功效。耐阴性强，适应性广，在阴湿环境中生长良好，适宜大型盆栽观赏及园林花坛、林下、道旁地栽等。

乌药 *Lindera aggregata* (Sims) Kosterm.　　　　　　　樟科 Lauraceae

识别要点　常绿小乔木或灌木；高达 5m。枝、叶、花均被毛。根纺锤状，褐黄或褐黑色。叶卵形、椭圆形或近圆形，先端长渐尖或尾尖，基部圆，三出脉，中脉及第一对侧脉在上面常凹下。伞形花序腋生，每朵花序具 7 朵花；花被片近等长，被白色柔毛，内面无毛；第 3 轮花丝基部具 2 个宽肾形有柄腺体，退化雌蕊坛状；子房椭圆形，被褐色短柔毛，柱头头状，退化雄蕊长条片状，第 3 轮花丝基部具 2 个有柄腺体。果卵圆形或近球形。花期 3～4 月，果期 5～11 月。

产地分布　分布于安徽、江西、浙江、福建、台湾、湖南、湖北、贵州、广东、广西等地。南昌市产于安义、新建、南昌、进贤等县区。

价值评述　根可入药，具有行气止痛、温肾散寒等功效；果、根、叶均可提芳香油，制作香皂、精油等；根和种子磨粉还可杀虫。树形优美，亦可作观赏植物。

吴兴铁线莲 *Clematis huchouensis* Tamura　　　　　　　　　　　　**毛茛科 Ranunculaceae**

识别要点　多年生草质藤本。茎被柔毛或近无毛。一回羽状复叶，小叶3～9枚；小叶薄纸质或草质，卵形、卵状椭圆形或椭圆状披针形，长1～5cm，2～3深裂，两面被柔毛。聚伞花序腋生，1～3朵花；苞片卵形或宽卵形，不裂或2～3浅裂。萼片4枚，白色，斜展，长圆形或长圆状披针形，被柔毛，上部边缘具翅雄蕊无毛，花药线形，顶端具尖头。瘦果宽椭圆形或宽卵圆形，被柔毛；宿存花柱细钻形，被平伏柔毛。花期7月，果期9月。

产地分布　分布于浙江、江苏、江西等地。南昌市产于进贤县。

价值评述　全草可药用，具祛风除湿、散结消肿等功效。

狭叶山胡椒 *Lindera angustifolia* Cheng 樟科 Lauraceae

识别要点 落叶小乔木或灌木；高达8m。幼枝黄绿色，无毛。冬芽卵圆形，紫褐色，冬芽为叶芽，芽鳞具脊。叶椭圆状披针形，先端渐尖，基部楔形，下面沿脉疏被柔毛；羽状脉，侧脉8～10对。伞形花序2～3个腋生；雄花序具3～4朵花，花被片6枚，能育雄蕊9枚；雌花序具2～7朵花，花被片6枚，柱头头状，退化雄蕊9枚。果球形，黑色，果托径约2mm；果柄长0.5～1.5cm，被微柔毛或无毛。花期3～4月，果期9～10月。

产地分布 分布于山东、浙江、福建、安徽、江苏、江西、河南、陕西、湖北、广东、广西等地。南昌市产于安义、新建、红谷滩、南昌、进贤等县区。

价值评述 枝、叶、根可入药，具祛风除湿、行气散寒、解毒水肿等功效；种子可榨油、制肥皂和机械润滑油；果、叶可以提取芳香油，作食品及化妆品香精等。

狭叶香港远志 *Polygala hongkongensis* var. *stenophylla* (Hayata)Migo　远志科Polygalaceae

识别要点 多年生草本；高达30cm。茎、枝、花序、侧瓣基部内侧及种子均被柔毛。叶纸质或膜质，狭披针形，小，长1.5～3cm，宽3～4mm。总状花序顶生，长3～6cm。花梗长1～2mm；小苞片脱落；萼片宿存，内萼片椭圆形；花瓣白或紫色，2/5以下合生，龙骨瓣盔状，具流苏状附属物；花丝4/5以下合生成鞘。蒴果近球形，径4mm，具宽翅。种子卵形，种阜3裂，长达种子1/2。花期5～6月，果期6～7月。

产地分布 分布于江苏、安徽、浙江、江西、福建、湖南、广西等地。南昌市产于新建、安义、南昌、进贤、红谷滩等县区。

价值评述 全草入药，具安神益智、活血散瘀、消肿解毒、祛痰止咳等功效。亦可作为观赏植物。

狭叶栀子 *Gardenia stenophylla* Merr. 　　　　　　　　茜草科 Rubiaceae

识别要点　常绿灌木；高达3m。叶薄革质，窄披针形或线状披针形，先端渐尖，基部渐窄，常下延，两面无毛；托叶膜质，脱落。花单生叶腋或枝顶；萼筒倒圆锥形，萼裂片5～8枚，窄披针形，宿存；花冠白色，高脚碟状，冠筒长3.5～6.5cm，裂片5～8枚，外反，长圆状倒卵形；花药伸出；柱头棒形，伸出。果长圆形，长1.5～2.5cm，径1～1.3cm，有纵棱，成熟时黄色或橙红色，萼裂片宿存。花期4～8月，果期5月至翌年1月。

产地分布　分布于安徽、浙江、广东、广西、海南等地。南昌市产于安义、新建、红谷滩、进贤等县区。

价值评述　果、根入药，具凉血、泻火、清热解毒等功效。花清香，可作观赏植物栽植。

小二仙草 *Gonocarpus micranthus* Thunberg 　　　　　小二仙草科 Haloragaceae

识别要点　多年生草本，高达45cm。茎直立或下部平卧，多分枝，带赤褐色。叶对生，卵形或卵圆形，基部圆，先端短尖或钝，边缘具稀疏锯齿，通常两面无毛，背面带紫褐色，具短柄；茎上部的叶有时互生，逐渐缩小而变为苞片。顶生圆锥花序，由纤细的总状花序组成；花两性；萼筒4深裂，宿存；花瓣4片，淡红色，比萼片长2倍；雄蕊8枚，花丝短，花药线状椭圆形；子房下位，2～4室。坚果近球形，有8条纵钝棱，无毛。花期4～8月，果期5～10月。

产地分布　分布于河北、河南、山东、江苏、浙江、安徽、江西、福建、台湾、湖北、湖南、四川、贵州、广东、广西、云南等地。南昌市产于新建、进贤等县区。

价值评述　全草可入药，具止咳平喘、清热利湿、调经活血等功效。植株娇小，有一定观赏价值。

小槐花 *Ohwia caudata* (Thunberg) H. Ohashi 豆科Fabaceae

识别要点 小灌木；高达1.5m。叶具3枚小叶；叶柄两侧具极窄的翅；顶生小叶披针形或长圆形，侧生小叶较小，先端渐尖、急尖或短渐尖，基部楔形，上面疏被极短柔毛，老时渐无毛，下面疏被贴伏短柔毛，侧脉10~12对。总状花序，花序轴密被柔毛并混生小钩状毛，每节生2朵花，具小苞片；花萼窄钟形，裂片披针形；花冠绿白色或黄白色，有明显脉纹，旗瓣椭圆形，翼瓣窄长圆形，龙骨瓣长圆形，均具瓣柄；二体雄蕊，对着旗瓣1枚雄蕊与其他9枚完全离生；雌蕊长约7mm。荚果线形，扁平，长5~7cm，被伸展钩状毛，背腹缝线浅缢缩，有4~8个荚节；荚节长椭圆形。花期7~9月，果期9~11月。

产地分布 分布于长江以南各地。南昌市产于安义、新建、进贤等县区。

价值评述 根、叶入药，有清热解毒、祛风利湿等功效；可制凉茶、酒后茶饮等；亦可作牧草。

小叶栎 *Quercus chenii* Nakai　　　　　　　　壳斗科Fagaceae

识别要点　落叶乔木；高达30m。幼叶、花序轴及中部以下的小苞片均被柔毛。树皮黑褐色，纵裂。叶片宽披针形至卵状披针形，顶端渐尖，基部圆形或宽楔形，略偏斜，叶缘具刺芒状锯齿，老叶无毛或仅背面脉腋有柔毛，通常宽2～3.5cm，侧脉每边12～16条。雄花序长4cm。壳斗连小苞片直径1.5cm，壳斗杯形，包着坚果约1/3，高约0.8cm，壳斗上部的小苞片线形，直伸或反曲；中部以下的小苞片为长三角形，紧贴壳斗壁。坚果椭圆形，径1.3～1.5cm，顶端有微毛；果脐微凸起。花期3～4月，果期翌年9～10月。

产地分布　分布于江苏、安徽、浙江、江西、福建、河南、湖北、四川等地。南昌市产于安义、新建、南昌、进贤等县区。

价值评述　材质优良，边材黄褐色、心材暗红褐色，为优良用材树种；壳斗可提栲胶；果可酿酒、作饲料；叶可养蚕；枝、梢头可培养香菇。

小叶猕猴桃 *Actinidia lanceolata* Dunn

猕猴桃科 Actinidiaceae

识别要点 落叶木质藤本。花枝、叶柄及花序密被锈褐色绒毛。老枝无毛，髓心褐色，片层状。叶纸质，宽 2～3cm，卵状椭圆形或椭圆状披针形，先端短尖至渐尖，基部楔形，上部具细齿，下面被灰白色星状毛；叶柄长 1～2cm。聚伞花序二回分歧，花序梗长 3～6mm，每朵花序具 5～7 朵花；苞片钻形；花淡绿色；萼片 3～4 枚，卵形或长圆形，被毛；花瓣 5 片；子房密被绒毛。果绿色，卵形，无毛，具淡褐色斑点，宿萼反折。花期 5～6 月。果熟期 11 月。

产地分布 分布于浙江、福建、江西、湖南、广东及安徽南部等地。南昌市产于安义县。

价值评述 果可食用，营养价值高，可制保健饮品。

小叶石楠 *Photinia parvifolia* (Pritz.) Schneid.

蔷薇科 Rosaceae

识别要点 落叶灌木；高达 3m。幼枝、叶片下面、叶柄、花梗及萼筒均无毛。小枝红褐色。叶草质，椭圆形、椭圆状卵形或菱状卵形，先端渐尖或尾尖，基部宽楔形或近圆形，边缘有带腺锐锯齿，上面初有毛，后脱落，侧脉 4～6 对；叶柄长 1～2mm。伞形花序生于侧枝顶端，有花 2～9 朵，无总花梗；花梗长 1～3.5cm，有疣点；花白色，直径 5～15mm；萼筒杯状，裂片卵形；花瓣圆形。梨果椭圆形或卵形，橘红色或紫色。花期 4～5 月，果期 7～8 月。

产地分布 分布于河南、江苏、安徽、浙江、江西、湖南、湖北、四川、贵州、台湾、广东、广西等地。南昌市产于新建、南昌、进贤等县区。

价值评述 木材坚硬，可制器具；根可入药，具清热解毒、活血止痛等功效。花白叶绿，果红色，具一定的观赏性。

悬钩子蔷薇 *Rosa rubus* Lévl. et Vant. 蔷薇科 Rosaceae

识别要点 落叶灌木；高达6m。小枝幼时、小叶下面、小叶柄叶轴、花序梗、花梗、花萼、萼片及花柱均被柔毛或腺毛；皮刺粗短，弯曲。小叶通常5枚，稀7枚，近花序小叶常为3枚，长3～6cm；小叶卵状椭圆形、倒卵形或椭圆形，边缘有尖锐锯齿，小叶柄的叶轴散生沟状小皮刺；托叶大部贴生叶柄，全缘常带腺齿，有毛。花10～25朵，排成圆锥状伞房花序。花萼球形或倒卵圆形，萼片披针形，常全缘；花瓣白色，倒卵形，先端微凹；花柱结合成柱，稍长于雄蕊，被柔毛。蔷薇果近球形，熟后猩红或紫褐色，有光泽，萼片脱落。花期4～6月，果期7～9月。

产地分布 分布于安徽、浙江、福建、江西、湖北、湖南、广东、广西、贵州、云南、四川、陕西、甘肃等地。南昌市产于南昌、进贤等县区。

价值评述 全株可入药，有清肝热、解毒、除湿等功效；嫩茎叶可鲜用，果可酿酒或制果酱。花多芳香，具有较高观赏价值。

亚洲络石 *Trachelospermum asiaticum* (Siebold & Zucc.) Nakai　　夹竹桃科 Apocynaceae

识别要点　常绿木质藤本。全株无毛或幼时有毛。叶片椭圆形、狭卵形或近倒卵形；侧脉 6～10 对。花序顶生或腋生；花序梗长 1.5～2.5cm；花梗长 6mm；花蕾顶部渐尖；花萼裂片紧贴在花冠筒上，裂片卵圆形，被疏缘毛，花萼内面基部具 10 个齿状腺体；花冠高脚碟状，花冠筒圆筒状，喉部膨大，仅在雄蕊背后筒壁上被短柔毛；雄蕊着生近花冠喉部，花药箭头状，顶端明显露出；花丝细长，柱头圆锥状；花盘环状，5 裂。蓇葖果线形。种子顶端具白色绢质种毛。花期 4～6 月，果期 8～10 月。

产地分布　分布于浙江、湖北、湖南、广东、四川、贵州等地。南昌市产于新建区。

价值评述　入药具祛风活络、活血止痛等功效；花冠形如风车，商品称"风车茉莉"，有很高的观赏价值。可作垂直绿化植物，也是优良的地被树种。

盐麸木 *Rhus chinensis* Mill.　　漆树科 Anacardiaceae

识别要点　落叶小乔木或灌木；高达 10m。小枝被锈色柔毛。复叶具 7～13 枚小叶，叶轴具叶状宽翅，叶轴及叶柄密被锈色柔毛，小叶椭圆形或卵状椭圆形，长 6～12cm，宽 3～7cm，具粗锯齿，下面灰白色，被锈色柔毛，脉上毛密；小叶无柄。圆锥花序被锈色柔毛，雄花序长 30～40cm，雌花序较短。花白色；苞片披针形；花梗被微柔毛；花萼被微柔毛，裂片长卵形；花瓣倒卵状长圆形，外卷；雄蕊长约 2mm，雌花退化，雄蕊极短。核果红色，扁球形，被柔毛及腺毛。花期 8～9 月，果期 10 月。

产地分布　分布于辽宁、河北、山西、河南、山东、江苏、安徽、浙江、福建、台湾、江西、湖北、湖南、广东、海南、广西、贵州、云南、四川、甘肃、陕西等地。南昌市内广布。

价值评述　嫩叶受五倍子蚜虫侵入寄生刺激，生成虫瘿，即五倍子，可供药用；嫩茎叶可作为野生蔬菜食用。可作蜜源植物、绿肥植物，是优良的多功能乡土树种。

秧青 *Dalbergia assamica* Benth.　　　　　　　　　　　　　**豆科Fabaceae**

识别要点　落叶乔木；高达10m。树皮棕黑色。羽状复叶长10～15cm；托叶披针形；小叶长为宽的1.5～2倍，6～7对，长圆形或倒卵状长圆形，先端圆截形，基部宽楔形或圆，小叶下面、叶轴、叶柄均被柔毛。圆锥花序腋生；花序梗、分枝和花序轴疏被锈色短柔毛或近无毛；苞片卵状披针形，小苞片披针形，均早落；花萼钟状，萼齿5枚，三角形，最下1枚较长，其余三角形，上方2枚近合生；花冠白色，花瓣具瓣柄，旗瓣圆形，翼瓣倒卵形，龙骨瓣近半月形；雄蕊10枚，二体（5+5）；子房具柄，密被短柔毛。荚果舌状或长圆形，宽1.2～1.8cm，先端急尖，基部渐狭，楔形；果瓣对种子部分有明显网纹。花期6月，果期10月。

产地分布　分布于福建、广东、广西、贵州、海南、四川、云南、浙江等地。南昌市产于安义、新建等县区。

价值评述　木材具行气、止痛等功效。紫胶虫优良寄主之一，可产原胶；具观赏价值，可栽植为庭院树或行道树。列为《世界自然保护联盟濒危物种红色名录》濒危（EN）种。

杨桐 *Adinandra millettii* (Hook. et Arn.) Benth. et Hook. f. ex Hance　　五列木科 Pentaphylacaceae

识别要点　常绿乔木或灌木；高达16m。幼枝、顶芽、叶下面被灰褐色平伏柔毛，枝、叶的毛后脱落。叶长圆状椭圆形，先端短渐尖或近钝，基部楔形，全缘，稀上部疏生细齿，侧脉10～12对，叶柄疏被柔毛或近无毛。单花腋生；花梗、萼片疏被柔毛或近无毛；花梗纤细，长约2cm；小苞片2枚，早落；萼片5枚，卵状披针形或卵状三角形；花瓣5片，白色，卵状长圆形至长圆形，无毛；雄蕊约25枚，花丝无毛或上部被毛，花药被丝毛；子房3室，花柱单一。果球形，疏被柔毛，径约1cm，宿存花柱长约8mm。花期5～7月，果期8～10月。

产地分布　分布于安徽、浙江、江西、福建、湖南、广东、广西及贵州等地。南昌市内广布。

价值评述　根、嫩叶入药，具凉血止血、解毒消肿等功效；中国和日本的草药专家发现，杨桐对多种癌细胞都有一定的抑制作用，被誉为"抗癌神木"；果实"吊茄子"美味可口。叶片浓绿，花色艳丽，为优良的观赏植物。

野花椒 *Zanthoxylum simulans* Hance　　　　　　　芸香科Rutaceae

识别要点　落叶乔木或灌木；高达5m。枝干散生基部宽扁锐刺，幼枝被柔毛或无毛。奇数羽状复叶，叶轴具窄翅；小叶5～15枚，对生，无柄或微具柄，卵圆形或菱状宽卵形，密被油腺点，上面疏被刚毛状倒伏细刺，下面无毛或沿中脉两侧被疏柔毛，干后黄绿色或暗绿褐色，疏生浅钝齿。聚伞状圆锥花序顶生；花被片5～8枚，1轮，大小近相等，淡黄绿色；雄花具雄蕊5～10枚；雌花具心皮2～3枚。果红褐色，果瓣基部缢缩成长1～2mm短柄，密被微凸油腺点，果瓣径约

5mm。花期3～5月，果期7～9月。

产地分布　分布于青海、甘肃、山东、河南、安徽、江苏、浙江、湖北、江西、台湾、福建、湖南及贵州等地。南昌市产于安义、新建、红谷滩、南昌、进贤等县区。

价值评述　根、叶、果入药，具温中除湿、祛风逐寒、抗菌驱虫等功效；香味独特，可用作香辛调味料，是调料"十三香"之首；但有小毒，不宜多食用。

野鸦椿 *Euscaphis japonica* (Thunb.) Dippel 省沽油科 Staphyleaceae

识别要点 落叶乔木或灌木；高达8m。小枝、芽及果红紫色，枝叶揉碎后有气味。叶厚纸质，长卵形或椭圆形，稀圆形，疏生短齿，齿尖有腺体，下面沿脉有柔毛；小叶柄长1～2mm，小托叶三角状线形，有微柔毛。圆锥花序顶生，花序梗长达21cm，花较密集。花黄白色；宿存萼片与花瓣5片，椭圆形；心皮3枚，分离。蓇葖果长1～2cm，果皮软革质，有纵脉纹。种子近圆形，假种皮肉质，黑色，有光泽。花期5～6月，果期8～9月。

产地分布 分布于江苏、安徽、浙江、福建、台湾、江西、湖北、湖南、广东、海南、广西、云南、贵州、四川、甘肃、陕西、河南等地。南昌市产于安义、新建、红谷滩、青山湖、南昌、进贤等县区。

价值评述 木材可为器具用材；根、茎、果可入药，具解毒、清热、利湿、祛风散寒、行气止痛等功效；种子油可制皂，树皮可提取栲胶。可作为观花、观叶和赏果植物。

野珠兰 *Stephanandra chinensis* Hance　　　　　　　　**蔷薇科 Rosaceae**

识别要点　落叶灌木；高达 1.5m。小枝微被柔毛。叶卵形至长椭圆形，长 5～7cm，常浅裂，重锯齿，两面无毛或下面沿脉微被柔毛，侧脉 7～10 对；叶柄长 6～8mm，近无毛；托叶线状披针形或椭圆披针形。圆锥花序疏散；花梗长 3～6mm，总梗与花梗均无毛；苞片披针形至线状披针形；被丝托杯状，无毛；萼片三角卵形，全缘；花瓣白色，倒卵形，稀长圆形；雄蕊 10 枚；心皮 1 枚，子房被柔毛，顶生花柱直立。蓇葖果近球形，径约 2mm，被疏柔毛；宿存萼片直立。种子 1 颗。花期 5 月，果期 7～8 月。

产地分布　分布于河南、湖北、江西、湖南、安徽、江苏、浙江、四川、广东、福建等地。南昌市产于安义、新建、进贤等县区。

价值评述　根入药，具解毒利咽、止血调经等功效；茎皮纤维可造纸用。树体娇小，颜色多变，可用作园林绿化植物。

宜昌荚蒾 *Viburnum erosum* Thunb.　　　　　　　　**五福花科 Adoxaceae**

识别要点　落叶灌木；高达 3m。当年小枝、叶柄和花序均密被簇状短毛和长柔毛，二年生小枝灰紫褐色，无毛。叶纸质，卵状披针形、卵状长圆形、窄卵形、椭圆形或倒卵形，有波状小尖齿，上面无毛或疏被叉状或簇状短伏毛，下面密被簇状绒毛，近基部两侧有少数腺体；侧脉直达齿端，7～14 对；叶柄长 3～5mm，基部有 2 枚宿存、钻形小托叶。复伞形聚伞花序生于具 1 对叶的侧生短枝之顶，第 1 级辐射枝通常 5 条，花生于第 2～3 级辐射枝，常有长梗；萼筒筒状，萼齿具缘毛；花冠白色，辐状，径约 6mm，无毛或近无毛，裂片圆卵形。果熟时红色，宽卵圆形；核扁，具 3 浅腹沟和 2 浅背沟。花期 4～5 月，果期 8～10 月。

产地分布　分布于山东、四川、贵州、云南、浙江、江西、福建、台湾、河南、湖北、湖南、陕西、广东、广西、江苏、安徽等地。南昌市产于新建区。

价值评述　根入药，具祛风除湿功效；种子含油约 40%，供制肥皂和润滑油；茎皮纤维可制绳索及造纸；枝条供编织用。

异叶榕 *Ficus heteromorpha* Hemsl.　　　　桑科 **Moraceae**

识别要点　落叶乔木或灌木；高达5m。树皮灰褐色。小枝、叶脉及叶柄多呈红色。叶琴形、椭圆形或椭圆状披针形，先端渐尖或尾状，基部圆或稍心形，上面稍粗糙，下面具钟乳体，全缘或微波状，侧脉6～15对；叶柄1.5～6cm；托叶披针形，长约1cm。榕果对生于短枝叶腋，稀单生，无总柄，球形或圆锥状球形，熟时紫黑色，顶生苞片脐状，基生苞片3枚，卵圆形，雄花和瘿花同生于一榕果中；雄花散生内壁，花被片4～5枚，匙形，雄蕊2～3枚；瘿花花被片5～6枚，花柱短；雌花花被片4～5枚，花柱侧生，柱头画笔状，被柔毛。瘦果光滑。花期4～5月，果期5～7月。

产地分布　分布于甘肃、陕西、山西、河南、安徽、浙江、福建、江西、湖北、湖南、广东、广西、贵州、云南及四川等地。南昌市产于安义、新建等县区。

价值评述　果实、根入药，具祛风除湿、化痰止咳、活血补血等功效；茎皮纤维供造纸；榕果成熟可食或作果酱；叶可制作猪饲料。

硬毛马甲子 *Paliurus hirsutus* Hemsl.　　　　　　　　鼠李科Rhamnaceae

识别要点　落叶攀缘状木本；高达5m。小枝紫褐色或紫黑色，被柔毛。叶互生，纸质或厚纸质，宽卵形、卵状椭圆形或近圆形，基部偏斜，边缘具细锯齿或近全缘，上面沿脉被密柔毛，下面沿脉被长硬毛，基生三出脉；叶柄长0.5～1.2cm，被毛，基部常有1个下弯的钩状刺。腋生聚伞花序或聚伞圆锥花序，密被短柔毛；萼片宽卵形或三角形，被疏短柔毛；花瓣匙形或扇形；雄蕊与花瓣等长；花盘五边形，5或10齿裂；子房3室，每室具1枚胚珠，花柱3～4深裂。核果杯状，红色或紫红色，周围具木栓质窄翅，果梗和宿存萼筒被短柔毛。花期6～8月，果期8～10月。

产地分布　分布于福建、浙江、江苏、湖南、广东、广西及贵州等地。南昌市产于安义、进贤等县区。

价值评述　树形优美，果实奇特，可用作城乡绿化树种。

圆锥铁线莲 *Clematis terniflora* DC.　　毛茛科Ranunculaceae

识别要点　落叶木质藤本。茎、枝、小叶具短柔毛,后近无毛。一回羽状复叶具3～7枚小叶;小叶纸质,卵形或窄卵形,基部圆、近心形或宽楔形,全缘。圆锥状聚伞花序被短柔毛,多花,花序梗长1～7cm;苞片线形或椭圆形。花梗长0.5～3cm;萼片4枚,白色,平展,倒卵状长圆形,边缘被绒毛;雄蕊无毛,花药窄长圆形或长圆形,顶端钝或具小尖头。瘦果5～7个,近扁平,橙黄色,宽椭圆形或倒卵圆形,被柔毛,具窄边;宿存花柱长达4cm。花期4～5月,果期6～7月。

产地分布　分布于陕西、河南、湖北、湖南、江西、浙江、江苏及安徽等地。南昌市产于新建、进贤等县区。

价值评述　茎、根入药,具有行气活血、祛风除湿、解毒消肿等功效。花小而繁,可作优良园林绿化植物。

云南吴萸 *Tetradium ailanthifolia* Pierre　　芸香科Rutaceae

识别要点　落叶乔木;树高达25m。嫩枝暗紫红色;密被锈褐色长柔毛。有小叶7～13枚,小叶卵状披针形或披针形,长6～12cm,宽3～6cm,位于叶轴基部的常为卵形,叶面中脉被疏长毛,叶轴、小叶柄及小叶背面至少沿中脉两侧均被长柔毛,油点甚少且小,仅在扩大镜下可见,叶背灰绿或苍灰色,叶缘有细钝裂齿或近于全缘。花序轴及花梗被长柔毛;萼片5枚,长不及1mm;花瓣5片,狭卵形;雄花的雄蕊5枚,长约5mm,花丝中部以下被毛,退化雌蕊上部5浅裂,裂瓣长约1mm。果柄长不超过5mm,分果瓣长4～5mm,两侧面被灰色短伏毛。花期5～7月,果期8～10月。

产地分布　分布于贵州、广西、云南等地。南昌市产于南昌、进贤等县区。

价值评述　心材大,黄棕色,露于空气后变深,鲜艳美观,纹理直,无虫蛀,较耐腐,生长迅速,可作一般家具用材;叶、根入药,具通经活络、活血止痛等功效;种子榨油可用于生产肥皂、润滑油或其他工业用油。值得注意的是,该种的小枝、叶轴、叶柄、花(果)序轴等毛被密集而不脱落,易于与其他种类区别。

樟 *Camphora officinarum* Nees ex Wall.　　　　　　　　樟科 **Lauraceae**

识别要点　常绿乔木；高达30m。树皮黄褐色，不规则纵裂。叶卵状椭圆形，先端骤尖，基部宽楔形或近圆，两面无毛或下面稍被微柔毛，边缘有时微波状，离基三出脉，侧脉及支脉脉腋具腺窝；叶柄长2~3cm。圆锥花序腋生，具多花，花序梗与序轴均无毛或被灰白或黄褐色微柔毛，节上毛较密。花梗无毛；花被无毛或被微柔毛，内面密被柔毛，花被片椭圆形；能育雄蕊9枚，排成3轮，花丝被短柔毛；退化雄蕊3枚，位于最内轮，被柔毛。果卵圆形或近球形，由绿色变紫黑色；果托杯状，顶端平截。花期4月，果期10月。

产地分布　分布于南方及西南各地。南昌市内广布。

价值评述　材质优良，可作家具、造船用材；根、果、枝和叶入药，具祛风散寒、强心镇痉和杀虫等功效；可提取樟脑和樟油，以供医药及香料工业用；果可榨油，供工业用。优良城乡绿化树种；南昌市内多古树，应加强保护。

樟叶槭 *Acer coriaceifolium* Lévl.　　　　　　　　　　　　　无患子科 Sapindaceae

识别要点　常绿乔木；高达10m。树皮粗糙。当年生嫩枝、叶柄淡紫色；嫩时，枝、叶柄及叶下面被淡黄色绒毛。叶革质，长圆状披针形或披针形，稀长圆状卵形，全缘；上面绿色，无毛，下面常有白粉；侧脉4~6对，小叶脉显著。伞房状花序，被黄绿色绒毛；雄花与两性花同株；萼片5枚，淡绿色，长圆形；花瓣5片，淡黄色，倒卵形，与萼片近等长；雄蕊8枚，长于花瓣；花盘与子房被淡白色长柔毛。翅果长3~3.5cm，果翅张开成钝角。花期3月，果期8月。

产地分布　分布于四川、湖北、贵州、广西等地。南昌市产于安义县。

价值评述　木材坚韧细致，是良好的建筑、家具和细木工用材。蜜源植物，树形优美，也可作园林绿化树种。

浙江马鞍树 *Maackia chekiangensis* Chien　　　　　　　　　　豆科 Fabaceae

识别要点　落叶灌木；高达3m。小枝灰褐色，有白色皮孔，幼时被毛。羽状复叶具小叶4~5对，对生或近对生，卵状披针形或椭圆状卵形，叶边缘反卷，上面无毛，下面疏被淡褐色短伏毛。总状花序；总花梗被淡褐色短柔毛；苞片钻形；花萼钟形，萼齿5枚，2枚较短，贴生锈褐色柔毛；花冠白色，旗瓣长圆形，翼瓣与龙骨瓣稍短于旗瓣；子房长圆形，有短柄，密被锈褐色毛。荚果椭圆形、卵形或长圆形，具细短喙，腹缝有宽仅1mm的窄翅，外被褐色短毛，果梗微小。花期6月，果期9月。

产地分布　分布于安徽、浙江及江西等地。南昌市产于进贤县。

价值评述　列入《世界自然保护联盟红色名录》濒危（EN）种；国家二级重点保护野生植物。南昌市内罕见，应采取科学的保护措施。

浙江叶下珠
Nymphanthus chekiangensis (Croizat & F.P.Metcalf) R.W.Bouman

叶下珠科 Phyllanthaceae

识别要点 常绿灌木；高达1m。除子房与果皮外，全株无毛。茎及枝条呈淡棕色。叶二列，纸质，椭圆形或椭圆状披针形，先端有小尖头，基部稍偏斜；侧脉3～4对，纤细；叶柄长0.5～1cm；托叶披针形。花紫红色，雌雄同株，腋生；雄花径2～3mm；花梗长4～6mm；萼片4枚，卵状三角形，边缘撕裂状或啮蚀状；花盘稍肉质，不裂；雄蕊4枚，花丝合生；花梗长0.6～1.2cm；萼片6枚，卵状披针形，长1.5mm，边缘撕裂状或啮蚀状；花盘稍肉质，具圆齿。蒴果扁球形，3瓣裂，密被皱波状或卷曲状长毛。花期4～8月，果期7～10月。

产地分布 分布于安徽、浙江、江西、福建、广东、广西、湖北及湖南等地。南昌市产于红谷滩区。

价值评述 全株可入药，具清热利尿、明目、消积等功效。植株娇小，花色艳丽、果实美丽，可作盆栽或花境栽培。

识别要点 落叶木质藤本。小枝纤细，圆柱形，具细纵棱纹，嫩时被蛛丝状绒毛，后近无毛；卷须二叉分枝，每隔二节间断与叶对生。单叶，卵形或五角状卵圆形，3～5裂，常在不同分枝上有不裂叶，顶端急尖或短渐尖；中裂片菱状卵形，基部缢缩，裂缺凹成圆形，叶基部心形，基缺圆形，凹成钝角，边缘锯齿较钝，两面除沿主脉被小硬毛外疏生极短细毛；基部5出脉，中脉有侧脉3～5对；叶柄疏被短柔毛。果序圆锥状，长3.5～8cm，无毛或近无毛；果序梗长1～3cm；苞片狭三角形，具短缘毛，脱落；果梗长2～3mm，无毛。果实球形，熟时黑紫色。花期4～5月，果期7～8月。

产地分布 分布于浙江一带。南昌分布于新建、南昌、进贤等县区。

价值评述 葡萄的野生种质资源。国家二级重点保护野生植物。南昌市内罕见，应加强保护。

 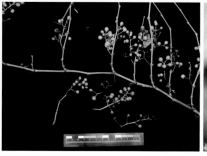 

枳椇 *Hovenia acerba* Lindl.

鼠李科 Rhamnaceae

识别要点 落叶乔木；高达25m。小枝褐色或黑紫色，被毛或无。叶互生，宽卵形、椭圆状卵形或心形，先端长渐尖或短渐尖，基部平截或心形，稀近圆或宽楔形，具整齐浅纯细齿，上部叶有不明显齿，稀近全缘；叶柄无毛。二歧式聚伞圆锥花序，被褐色柔毛。花两性；萼片具网脉或纵纹，无毛；花瓣椭圆状匙形，具短爪；花盘被柔毛；花柱半裂，稀浅裂或深裂，无毛。浆果状核果近球形，无毛，熟时黄褐色或棕褐色；果序轴膨大。种子暗褐色或黑紫色。花期5～7月，果期8～10月。

产地分布 分布于甘肃、陕西、河南、安徽、江苏、浙江、江西、福建、广东、广西、湖南、湖北、四川、云南、贵州等地。南昌市产于安义、新建、南昌、进贤等县区。

价值评述 木材细致坚硬，是良好的用材树种；种子为清凉利尿药，能解酒毒；果序轴肥厚、含糖多，可生食、酿酒、熬糖，民间常用以浸制"拐枣酒"。

砖子苗 *Cyperus cyperoides* (L.) Kuntze 　　　　　　　　　　　莎草科 Cyperaceae

识别要点　一年生草本；高达 0.5m。秆锐三棱形，平滑，具稍多叶。叶短于秆，线状披针形，宽 0.3～0.6cm，先端渐尖，下部常折合，边缘不粗糙；叶鞘褐色或红棕色。叶状苞片 5～8 枚，长于花序。长侧枝聚伞花序近于复出；辐射枝较长，最长达 14cm，每条辐射枝具 1～5 个穗状花序，部分穗状花序基部具小苞片，顶生穗状花序一般长于侧生穗状花序；穗状花序狭，宽常不及 5mm，无总花梗或具很短总花梗；小穗较小，长约 3mm；鳞片黄绿色。坚果狭长圆形或三棱形，表面具微突起细点。花、果期 4～10 月。

产地分布　分布于安徽、重庆、福建、甘肃、广东、广西、贵州、海南、河南、湖北、湖南、江苏、江西、陕西、四川、台湾、西藏、云南、浙江等地。南昌市内广布。

价值评述　全草均可入药，具祛风解表、止咳化痰、解郁调经、行气活血等功效。

识别要点　常绿灌木或亚灌木，近蔓生。茎幼时被细微柔毛，后无毛。叶对生或轮生，椭圆形或椭圆状倒卵形，先端尖，基部楔形，具细齿，稍具腺点，两面无毛或下面仅中脉被微柔毛，侧脉5～8对，细脉网状；叶柄被微柔毛。亚伞形花序，腋生。花梗长0.7～1cm，常下弯，花梗与总花梗均被微柔毛。花有时6数，萼片卵形，两面无毛，具缘毛，有时具腺点；花瓣粉红或白色，无毛，具密腺点；花药背部具腺点；子房无毛；胚珠15枚，3轮。果球形，鲜红色至黑色，稍具腺点。花期5～6月，果期11～12月。

产地分布　分布于江苏、安徽、浙江、福建、台湾、江西、河南、陕西、湖北、湖南、广东、广西、贵州、四川、云南等地。南昌市产于安义、新建等县区。

价值评述　全株入药，具止咳祛痰、利湿退黄、活血止痛等功效；叶可制凉茶。果实迷你精致，极具观赏性，可作林下地被植物或盆栽观赏。

紫藤 *Wisteria sinensis* (Sims) DC.　　　　豆科 Fabaceae

识别要点　大型落叶木质藤本。茎粗壮；嫩枝被白色绢毛，后脱落。奇数羽状复叶；托叶线形，早落；小叶3～6对，纸质，卵状椭圆形或卵状披针形，先端小叶较大，基部1对最小，先端渐尖或尾尖，基部钝圆或楔形或歪斜，嫩时两面被平伏毛，后无毛；宿存小托叶刺毛状。总状花序生于去年短枝，先叶开花；花序轴被白色柔毛；花梗细；花萼杯状，密被细毛；花冠紫色，旗瓣反折，基部有2个柱状胼胝体；子房线形，密被绒毛，胚珠6～8枚。荚果线状倒披针形，成熟后不脱落，密被绒毛。种子1～3颗，褐色，扁圆形，具光泽。花期4～5月，果期5～8月。

产地分布　分布于河北、山西、陕西、山东、江苏、浙江、安徽、福建、江西、河南、湖北、湖南及广西等地。南昌市产于安义、新建、青云谱、进贤等县区。

价值评述　茎、皮可入药，具杀虫、止痛、祛风通络等功效；花可食用，具解毒、止吐止泻等功效。著名观花绿荫藤本植物，城乡园林绿化广泛应用。

平原河湖篇

白花蛇舌草 *Scleromitrion diffusum* (Willd.) R. J. Wang　　茜草科 Rubiaceae

识别要点　一年生草本；高达50cm。叶对生，无柄，线形，长1~3cm，宽1~3mm，先端短尖，边缘干后常背卷，上面光滑且中脉凹下，侧脉不明显，下面有时粗糙；托叶长1~2mm，基部合生，先端芒尖。花4数，1~2朵腋生，花梗略粗壮，罕无梗或偶有长达10mm的花梗；萼筒球形，长1.5mm，宿存萼裂片长1.5~2mm；花冠白色，管状，长3.5~4mm，喉部无毛，花冠裂片长约2mm；雄蕊生于冠筒喉部，花药突出，花药与花丝近等长。蒴果扁球形，径2~2.5mm，成熟时顶部室背开裂。花期7~9月，果期8~10月。

产地分布　分布于广东、香港、广西、海南、安徽、云南等地。南昌市产于安义、新建、青山湖、南昌等县区。

价值评述　全草具清热解毒、消痛散结、利尿除湿等功效。

白前 *Vincetoxicum glaucescens* (Decne.) C. Y. Wu et D. Z. Li 　　　夹竹桃科 Apocynaceae

识别要点 多年生草本；高达50cm。茎被二列柔毛。叶对生，长圆形或长圆状披针形，先端钝，基部楔形或圆，两面无毛，近无柄；侧脉3～5对，不明显。聚伞花序伞状腋生，短于叶；花萼5深裂，内面基部具5个小腺体；花冠黄色，辐状；副花冠浅杯状，5裂，裂片肉质，卵形，顶端内弯，较花药稍短；花粉块每室1个；柱头扁平。蓇葖果纺锤形，长4.5～6cm。种子扁长圆形，长约2cm，具白色绢毛。花期5～11月，果期7～11月。

产地分布 分布于江苏、浙江、福建、江西、湖南、广东、广西、四川等地。南昌市产于新建、南昌、进贤等县区。

价值评述 根茎入药，具祛痰止咳、泻肺降气、健胃调中等功效。

白羊草 *Bothriochloa ischaemum* (Linnaeus) Keng　　　　禾本科 Poaceae

识别要点　多年生草本；秆高达70cm。茎具3至多节，节上无毛或具白色髯毛。叶鞘无毛，密集于基部，相互覆盖；叶舌膜质，具纤毛；叶片线形，宽2～3mm，顶生叶片常缩短；两面疏生柔毛或下面无毛。伞房状或指状排列的总状花序具多节，4至多数簇生茎顶，花序轴节间与小穗柄两侧具白色丝状毛；小穗成对生于各节；无柄小穗长圆状披针形，长4～5mm，基盘钝具髯毛；第一颖草质，背部中部稍下陷，边缘内卷成脊；第二颖舟状，中部以上具纤毛；芒自细小的第二外稃顶端伸出，长10～15mm，膝曲；有柄小穗不孕，色较无柄小穗深，无芒。花、果期9～11月。

产地分布　分布几遍全国。南昌市产于新建区。

价值评述　可作牧草；适应性强，种于坡地可用于预防水土流失。

百部 *Stemona japonica* (Bl.) Miq　　　　百部科 Stemonaceae

识别要点　多年生攀缘草本。茎长达一余米。块根肉质，长圆状纺锤形。少数分枝，上部攀缘状。叶2～5枚轮生，纸质或薄革质，卵形、卵状披针形或卵状长圆形，长4～11cm，先端渐尖或锐尖，边缘波状，基部圆或近平截，稀浅心形或楔形；叶柄长1～4cm。花序梗贴生叶片中脉，花1至多朵组成聚伞状花序。苞片线形；花被片淡绿色，披针形，长1～1.5cm，具5～9脉，开花时反卷；雄蕊紫红色，短或近等长于花被；花丝基部稍合生成环，花药顶端具箭头状附属物，药隔延伸为钻状或丝状附属体。蒴果扁，卵形，赤褐色，成熟裂成2片。种子2颗。花期5～7月，果期7～10月。

产地分布　分布于浙江、江苏、安徽、江西等地。南昌市产于安义县。

价值评述　根入药，具润肺止咳、杀虫灭虱等功效。

半枝莲 *Scutellaria barbata* D. Don

识别要点 多年生草本。茎四棱形，无毛或上部疏被平伏柔毛。叶三角状卵形或卵状披针形，先端尖，基部宽楔形或近平截，疏生浅钝牙齿，两面沿脉疏被贴生小毛或几无毛；叶柄疏被柔毛。花单生于上部叶腋；下部苞叶似叶，但较小，椭圆形或窄椭圆形，向上变更小，两面被小毛；小苞片针状，着生花梗中部，具纤毛；花梗长1～2mm，被微柔毛；花萼具缘毛，盾片高约1mm；花冠紫蓝色，被短柔毛，冠筒基部囊状，上唇盔状，下唇中裂片梯形，侧裂片三角状卵形。小坚果褐色，扁球形，被疣状突起。花、果期4～7月。

产地分布 分布于河北、山东、河南、江苏、浙江、台湾、福建、江西、湖北、湖南、广东、广西、四川、贵州、云南、陕西等地。南昌市产于南昌、进贤等县区。

价值评述 全草入药，具清热解毒、化瘀利尿等功效。

棒头草 *Polypogon fugax* Nees ex Steud.

识别要点 一年生草本；高达75cm。秆丛生，基部膝曲。叶鞘光滑无毛，大都短于或下部者长于节间；叶舌膜质，长圆形，长3～8mm，常2裂或顶部不整齐裂；叶片扁平，微粗糙或下面光滑，长2.5～15cm。圆锥花序穗状，长圆形或卵形，较疏松，具缺刻或有间断，分枝长可达4cm；小穗连基盘长约2.5mm，灰绿色，部分带紫色；颖长圆形，疏被短纤毛，先端2浅裂，芒从裂口处伸出，细直微糙，长1～3mm；外稃光滑，长约1mm，先端具微齿，中脉延伸成易脱落的芒；雄蕊3枚。颖果椭圆形，1面扁平。花、果期4～9月。

产地分布 分布于我国南北各地。南昌市内广布。

价值评述 可作为优良牧草。

荸荠 *Eleocharis dulcis* (N. L. Burman) Trinius ex Henschel

识别要点 多年生沼泽草本，高达1m。根状茎匍匐，先端膨大为球茎，熟后呈枣红色或紫黑色。秆多数丛生，灰绿色，圆柱形，中有横隔膜。叶鞘2～3个着生于秆基部，膜质，紫红色，微红色，深、淡褐色或麦秆黄色，光滑无毛。小穗圆柱状，微绿色，顶端钝，有多数花；在小穗基部多半有2片、少有1片不育鳞片，各抱小穗基部一周，其余鳞片全有花，覆瓦状排列，紧密，苍白微绿色，有稠密的红棕色细点，中脉一条；下位刚毛7～8条，较小坚果长，有倒刺；柱头3个。小坚果宽倒卵形，扁双凸状，黄色，平滑。花、果期5～10月。

产地分布 野生种分布于福建、广东等地，全国各地有栽培。南昌市产于新建、南昌等县区。

价值评述 全草可入药，具降火、补肺凉肝、消食化痰等功效；球茎富含淀粉，营养价值高，为传统水果和菜肴。

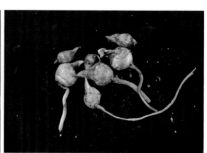

茶菱 *Trapella sinensis* Oliv.　　　　　　　车前科 **Plantaginaceae**

识别要点　多年生浮水草本。根状茎横走；茎绿色，长达60cm。叶对生，表面无毛，背面淡紫红色；沉水叶三角状圆形至心形，顶端钝尖，基部浅心形。花单生于叶腋，在茎上部叶腋多为闭锁花；花梗长1~3cm，花后增长。萼齿5枚，宿存。花冠漏斗状，淡红色，长2~3cm，裂片5枚，圆形，具细脉纹。雄蕊2枚，内藏，花丝长约1cm，药室2个；子房下位，2室，上室退化，下室有胚珠2枚。蒴果狭长，不开裂。种子1颗，顶端有锐尖、3长2短的钩状附属物，其中3枚长的附属物可达7cm，顶端卷曲成钩状，2根短的长0.5~2cm。花期6月，果期8~9月。

产地分布　分布于黑龙江、吉林、辽宁、河北、安徽、江苏、浙江、福建、湖南、湖北、江西、广西等地。南昌市内产于安义、新建等县区。

价值评述　果实可食用。形态优美、叶形独特，可作水体绿化植物。

长萼鸡眼草 *Kummerowia stipulacea* (Maxim.) Makino　　　豆科Fabaceae

识别要点 一年生草本；高15cm。茎分枝多而开展，茎和枝疏生向上的白毛，有时仅节有毛。叶为三出羽状复叶，小叶全缘，倒卵形或椭圆形，先端圆或微凹，具短尖，基部楔形，下面中脉及叶缘有白色长硬毛，侧脉多且密；托叶卵形。花1~2朵腋生；花梗有毛，具关节；小苞片小，4枚，生于花梗关节下的1枚很小；萼钟状，萼齿5枚，卵形，有缘毛；花冠上部暗紫色，龙骨瓣较长；雄蕊二体（9+1）。荚果卵形，长约3mm，常为萼长的1.5~3倍。花期7~8月，果期8~10月。

产地分布 分布于我国东北、华北、华东（包括台湾）、中南及西北等地区。南昌市各县区广布。

价值评述 全草药用，具清热解毒、健脾利湿等功效。多根瘤，肥分含量高，能够提高土壤肥力，改善土壤结构；适应性强，根系可以固持土壤，减少水土流失。

长箭叶蓼 *Persicaria hastatosagittata* (Makino) Nakai ex T.mori 蓼科 Polygonaceae

识别要点 一年生草本；高达0.9m。茎直立或下部平卧，分枝，具纵棱，沿棱具倒生短皮刺，皮刺微小。叶3～10cm，披针形或椭圆形，顶端急尖或近渐尖，基部箭形或近戟形，上面无毛或被短柔毛，有时被短星状毛，下面有时被短星状毛，沿脉中脉具倒生皮刺，边缘具短缘毛；叶柄具倒生皮刺；托叶鞘筒状，膜质，具长缘毛。总状花序呈短穗状，花序梗二歧状分枝，密被短柔毛及腺毛；苞片宽椭圆形或卵形，具缘毛，每苞内具2朵花；花梗密被腺毛；花被5深裂，淡红色，花被片宽椭圆形；雄蕊7～8枚，花柱3个，中下部合生。瘦果卵形，具3棱，深褐色，包于宿存花被内。花期8～9月，果期9～10月。

产地分布 分布于我国东北、华东、华中、华南、西南地区及河北等地。南昌市产于安义、南昌、进贤等县区。

价值评述 全草入药，具清热解毒、利尿通淋、消炎镇痛等功效。常生长于水边、沟边湿地等区域，其根系可以固持土壤，防治水土流失。花朵小巧密集，颜色鲜艳，具有一定的观赏价值。

翅果菊 *Lactuca indica* L. 菊科 Asteraceae

识别要点 一、二年生草本；高达2m。茎粗壮，无毛，上部有分枝。叶无柄；中下部茎生叶形多变，线状披针形至椭圆形，基部半抱茎到弱抱茎，边缘全缘或疏生牙齿；缺刻自不裂至二回羽状分裂；裂片大多窄；下部叶在花期枯萎；最上部叶变小，条状披针形或条形。头状花序常沿茎枝顶排列为圆锥花序或总状花序；总苞片4层，边缘染紫红色；有舌状小花25朵，黄色。瘦果棕黑色，压扁，边缘有宽翅，每面有1条纵肋；喙短，长0.5～1.5mm；冠毛2层，白色。花、果期4～11月。

产地分布 分布于北京、黑龙江、吉林、河北、陕西、山东、江苏、安徽、浙江、江西、福建、河南、湖南、广东、四川、云南等地。南昌市内广布。

价值评述 全草可入药，具清热解毒、凉血利湿等功效；可作饲用植物；嫩茎叶可作蔬菜。

刺蓼 *Persicaria senticosa* (Meisn.) H. Gross ex Nakai 　　　　蓼科 **Polygonaceae**

识别要点　一年生草本；长达1.5m。茎攀缘，四棱形，沿棱被倒生皮刺。叶三角形或长三角形，先端尖或渐尖，基部戟形，两面被柔毛，边缘具缘毛；叶柄粗；叶下面沿脉及叶柄具倒生皮刺；托叶鞘筒状，具叶状肾圆形翅，具缘毛。头状花序，花序梗分枝，密被腺毛；苞片长卵形，具缘毛，每苞具花2～3朵；花梗粗，较苞片短；花被5深裂，淡红色，花被片椭圆形，长3～4mm；雄蕊8枚，2轮；花柱3个，中下部连合。瘦果近球形，微具3棱，黑褐色，包于宿存花被内。花期6～7月，果期7～9月。

产地分布　分布于东北地区及河北、河南、山东、江苏、浙江、安徽、湖南、湖北、台湾、福建、广东、广西、贵州、云南等地。南昌市产于安义、新建、红谷滩、南昌、进贤等县区。

价值评述　全草入药，具清热解毒、利湿止痒、散瘀消肿等功效。

235

刺毛母草 *Lindernia setulosa* (Maxim.) Tuyama ex Hara　　　**母草科 Linderniaceae**

识别要点　一年生草本。茎多分枝，稍方形，角具翅棱，疏被刺毛或近无毛，大部倾卧多少蔓生。叶柄长不及3mm；叶宽卵形，长0.4～1.3cm，先端微尖，基部宽楔形，有时两侧不等，边缘有齿4～6对，上面被压平的粗毛，下面较少或沿叶脉和近缘处有毛，有时几无毛，叶脉羽状。单花腋生，常占茎枝的大部而形成疏总状，在茎枝顶端有时叶近全缘而成苞片状。花梗长1～2cm；花萼仅基部联合，萼齿5枚，条形，肋上及边缘有硬毛，果实长达5mm，内弯而包裹蒴果；花冠白色或淡紫色，上唇短，下唇较长；雄蕊4枚，全育。蒴果纺锤状卵圆形，比宿萼短。花期5～8月，果期7～11月。

产地分布　分布于浙江、江西、福建、广东、广西、贵州、四川等地。南昌市产于安义、新建等县区。

价值评述　全草可入药，具清热解毒等功效。

稻槎菜 *Lapsanastrum apogonoides* (Maximowicz) Pak & K. Bremer　　　**菊科 Asteraceae**

识别要点　一年生草本；高达20cm。自基部发出多数或少数的簇生分枝及莲座状叶丛，基生叶椭圆形、长椭圆状匙形或长匙形，大头羽状全裂或几全裂，侧裂片2～3对，椭圆形，全缘或有极稀疏针刺状小尖头；茎生叶与基生叶同形，向上茎叶渐小，不裂。头状花序小，果期下垂或歪斜，6～8枚排列成疏松伞房状圆锥花序，总苞椭圆形或长圆形，草质，总苞片2层，外层卵状披针形，内层椭圆状披针形，先端喙状。舌状小花黄色，两性。瘦果淡黄色，稍压扁，有12条被毛的纵肋，顶端两侧各有1枚下垂的长钩刺，无冠毛。花、果期1～6月。

产地分布　分布于陕西、江苏、安徽、浙江、福建、江西、湖南、广东、广西、云南等地。南昌市产于安义、新建、青山湖等县区。

价值评述　全草可入药，具清热消痈功效；亦可作饲料植物。

短叶水蜈蚣 *Kyllinga brevifolia* Rottb.

识别要点 多年生草本。匍匐根状茎长，被褐色鳞片，每节上生一秆，秆成列散生，高7～20cm，扁三棱形，平滑；基部具4～5个叶鞘，上面2～3个叶鞘顶端具叶片，最下面2个常为干膜质，棕色。叶短于或稍长于秆，宽2～4mm。叶状苞片3枚，开展，后期反折。穗状花序1～3个，近球形，长5～10mm；小穗密生，矩圆状披针形，扁，长约3mm，宽0.8～1mm，有1朵花；鳞片白色具锈斑，龙骨状突起绿色，具刺，顶端具外弯短尖；雄蕊1～3枚；柱头2个。小坚果倒卵状矩圆形，扁双凸状，长为鳞片的一半，具密细点。花、果期5～9月。

产地分布 分布于湖北、湖南、贵州、四川、云南、安徽、浙江、江西、福建、广东、海南、广西等地。南昌市内广布。

价值评述 全草可入药，具疏风解表、止咳化痰、清热解毒、活血解毒等功效。

断节莎 *Cyperus odoratus* Linnaeus

识别要点 一年生或短命多年生草本；高达1.2m。根状茎短。秆粗壮，三棱形，具纵槽，平滑，基部具叶，基部膨大成块茎。叶短于秆，鞘紫棕色，平张，稍硬。苞片6～8枚，展开，下部的苞片长于花序。长侧枝聚伞花序，疏展，复出或多次复出，具7～12条第1级辐射枝，扁三棱形；穗状花序圆筒形，长2～3cm，具多数小穗；小穗稍稀疏排列，平展，或向下反折，线形，顶端急尖，具6～16朵花；小穗轴具或多或少关节，坚硬，具宽翅，边缘内卷，有时包住小穗轴；鳞片稍松排列，基部鳞片紧密贴生，后期稍开展。小坚果长圆形或倒卵球形长圆形，约为鳞片长的2/3，由红色变黑色，为小穗轴上翅所包被，顶端露出于翅外，稍弯。花、果期6～11月。

产地分布 分布于台湾、浙江等地。南昌市产于安义、新建、南昌等县区。

价值评述 全草可入药，具通便、祛瘀止痛等功效。株形特别，具有较高观赏价值。

风花菜 *Rorippa globosa* (Turcz.) Hayek

十字花科 Brassicaceae

识别要点　一、二年生草本，高达0.8m。植株被白色硬毛或近无毛。茎单一，基部木质化。茎下部叶具柄，上部叶无柄，长圆形或倒卵状披针形，两面被疏毛，基部短耳状半抱茎，具不整齐粗齿。总状花序多数，圆锥状排列；花小，黄色，具细梗；萼片4枚，长卵形，开展，边缘膜质；花瓣4片，倒卵形，基部具短爪；雄蕊6枚，四强或近等长。短角果近球形，果瓣2片，隆起，无毛，有不明显网纹，具宿存花柱；果柄纤细，平展或稍下弯。种子淡褐色，多数，扁卵形。花期4~6月，果期7~9月。

产地分布　分布于黑龙江、吉林、江宁、河北、山西、山东、安徽、江苏、浙江、湖北、湖南、江西、广东、广西、云南等地。南昌市产于安义、新建、红谷滩、东湖、青山湖、南昌、进贤等县区。

价值评述　全草入药，具清热利尿、解毒、消肿等功效；嫩茎叶可作蔬菜，口感好，风味独特；种子含脂肪油，可食用或制肥皂。

枫杨 *Pterocarya stenoptera* C. DC.　　　　　　　　　　　　　胡桃科 Juglandaceae

识别要点　落叶乔木；高达30m。裸芽具柄，密被锈褐色腺鳞。偶数羽状复叶，叶柄长2～5cm，叶轴具窄翅或不发达，被短毛；小叶6～25枚，无柄，对生或近对生，长椭圆形或长椭圆状披针形，基部歪斜，先端短尖，基部楔形、宽楔形或圆形，具内弯细锯齿，下面疏被腺鳞，侧脉腋内具簇生星状毛。花序轴被毛，宿存；雄柔荑花序单生于去年生枝叶腋，雄花的雄蕊5～12枚；雌柔荑花序顶生，雌花无梗；雌花苞片无毛或近无毛。果序长20～45cm；果长椭圆形，长6～7mm，基部被星状毛；果翅条状长圆形，近平行脉。花期4～5月，果期8～9月。

产地分布　分布于陕西、河南、山东、安徽、江苏、浙江、江西、福建、台湾、广东、广西、湖南、湖北、四川、贵州、云南等地。南昌市内广布。

价值评述　木材轻软，易于加工，可作箱板、火柴杆等；根系深广发达，是固堤护岸的良好树种；树皮、果实、根及叶可入药，具解毒敛疮、杀虫止痒等功效；树皮和枝皮含鞣质，可提取栲胶，亦可作纤维原料；茎皮及树叶可制作杀虫剂。树体高大、树冠丰满、果形奇特，城乡绿化中广泛栽植。

枸杞 *Lycium chinense* Miller

识别要点 落叶灌木；高达2m。多分枝，枝条细弱，弯曲或俯垂，淡灰色，具纵纹，小枝顶端成棘刺状，短枝顶端棘刺长达2cm。单叶互生或2～4枚簇生，叶卵形、卵状菱形、长椭圆形或卵状披针形，先端尖，基部楔形。花1～2朵腋生于长枝上，花梗长1～2cm，花萼长3～4mm，常3中裂或4～5齿裂，具缘毛；花冠漏斗状，淡紫色，冠筒向上骤宽，较冠檐裂片稍短或近等长，5深裂，裂片卵形，平展或稍反曲，具缘毛，基部耳片显著；雄蕊稍短于花冠，花丝近基部密被一圈绒毛并成椭圆状毛丛，花柱稍长于雄蕊。浆果卵圆形，红色。种子扁肾形。花、果期6～11月。

产地分布 分布于河北、山西、陕西、甘肃及东北、西南、华中、华南和华东等地区。南昌市产于安义、新建、南昌、进贤等县区。

价值评述 全草入药，具清肺降火、补虚益精、清热明目等功效；果实味甜，具有较高的食用价值；嫩叶可作蔬菜食用；根系发达，可作水土保持植物。

菰 *Zizania latifolia* (Griseb.) Stapf   禾本科 Poaceae

识别要点　多年生浅水草本；秆高达1.9m；具匍匐根茎。叶鞘肥厚，有小横脉；叶舌膜质，长约1.5cm，顶端尖；叶片扁平宽大。圆锥花序，分枝多数簇生，上升，果期开展。雄小穗长1～1.5cm，两侧扁，着生花序下部或分枝上部，带紫色，外稃具5脉，先端渐尖具小尖头，内稃具3脉，中脉成脊，具毛；雌小穗圆筒形，长1.8～2.5cm，着生花序上部和分枝下方与主轴贴生处，外稃5脉粗糙，芒长2～3cm，内稃具3脉。颖果圆柱形，长约1.2cm，胚的体积为果体1/8。花、果期8～10月。

产地分布　分布于黑龙江、吉林、辽宁、内蒙古、河北、山东、陕西、甘肃、江苏、安徽、浙江、台湾、福建、江西、湖北、湖南、广东、海南、四川等地。南昌市内广布。

价值评述　全草可入药，具清热解毒等功效；受黑粉菌寄生后，茎基部形成肥大的嫩茎，称茭白，为常见水生蔬菜，营养价值高；颖果称菰米，营养丰富，为中国古代"六谷"之一。

241

谷精草 *Eriocaulon buergerianum* Koern.

谷精草科 Eriocaulaceae

识别要点 一年生草本，密集丛生。叶基生，线形，有横脉。花莛多，长短不一，扭转，具4~5棱；头状花序近球形；总苞片宽倒卵形或近圆形，秆黄色，无毛或边缘有少数毛，下部的毛较长；花托有柔毛；雄花花萼佛焰苞状，顶端3浅裂，钝，有毛；花冠裂片3枚，顶部黑色腺体1个；雄蕊6枚，花药黑色；雌花花萼合生，外侧开裂，3浅裂，背部、顶部有短毛；花瓣3片，离生，肉质，顶端有一个黑色腺体，有短毛。蒴果长约1mm。种子长椭圆形，有绒毛。花、果期7~12月。

产地分布 分布于江苏、安徽、浙江、江西、福建、台湾、湖北、湖南、广东、广西、四川、贵州等地。南昌市内广布。

价值评述 全草可入药，有祛风散热、明目退翳等功效。花、叶美丽，具有较高的观赏价值。

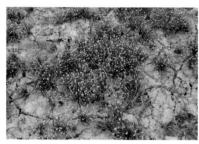

广州葶菜 *Rorippa cantoniensis* (Lour.) Ohwi

十字花科 Brassicaceae

识别要点 一、二年生草本；高达30cm。茎直立或呈铺散状分枝。基生叶有柄，羽状深裂，长2~6cm，宽1~1.5cm，裂片4~6枚，顶生裂片较大，侧生裂片较小，边缘有钝齿；茎生叶无柄，羽状浅裂，基部抱茎，两侧耳形，边缘有不规则锯齿。总状花序顶生，位于羽状分裂苞片的腋部，花瓣黄色，倒卵形。短角果圆柱形，长6~8mm，宽1~2mm，果梗极短。种子多数，微小，卵形，红褐色，表面具网纹，一端凹缺。花期3~4月，果期4~6月。

产地分布 分布于辽宁、河北、山东、河南、安徽、江苏、浙江、福建、台湾、湖北、湖南、江西、广东、广西、陕西、四川、云南等地。南昌市产于新建、进贤等县区。

价值评述 全草入药，具清热解毒、镇咳利尿等功效；幼苗可作蔬菜食用，亦为优质饲料。

合萌 *Aeschynomene indica* L.　　　　　　　　　　　豆科 Fabaceae

识别要点 一年生草本；高达1.5m。茎直立，小枝绿色，多分枝，无毛略粗糙。羽状复叶，具20～30对小叶；托叶膜质，卵形或披针形，基部下延成耳状，边缘有缺刻；小叶近无柄，线状长圆形，长5～10mm，宽2～2.5mm，上面密生腺点，下面稍带白粉，先端钝或微凹，具细尖，基部歪斜，全缘。总状花序短于叶，腋生；小苞片宿存。花萼膜质，具纵脉纹；花冠黄色，具紫色纵脉纹，易脱落，旗瓣近圆形，几无瓣柄，翼瓣短于旗瓣，龙骨瓣长于翼瓣，呈半月形；雄蕊二体；子房扁平，线形。荚果线状长圆形，直或微弯，腹缝线直，背缝线微波状，有4～8个荚节，平滑或中央有小疣凸，无毛，不开裂，成熟时逐节脱落。种子肾形，黑棕色。花期7～8月，果期8～10月。

产地分布 分布于河北、陕西、山东、江苏、安徽、浙江、江西、福建、河南、湖北、湖南、广东、广西、四川、贵州、云南等地。南昌市内广布。

价值评述 全草可入药，具清热利湿、祛风明目、通乳等功效；根瘤和叶瘤可以固氮，增加土壤肥力，可作田间绿肥。枝叶繁茂，花色艳丽，有香气，是一种优美的绿化植物。

盒子草 *Actinostemma tenerum* Griff.　　　　　　　　**葫芦科 Cucurbitaceae**

识别要点　多年生草质藤本。枝纤细，被短柔毛。叶形变异大，心状戟形，心状窄卵形、宽卵形或披针状三角形，不裂、3～5裂或基部分裂，边缘微波状或疏生锯齿，基部弯缺半圆形、长圆形或深心形，两面疏生疣状凸起。花单性，雌雄同株，稀两性；雄花序总状或圆锥状；花序轴细弱，苞片线形；花萼裂片线状披针形，花冠裂片披针形，先端尾状钻形，长3～7mm；雌花单生、双生或雌雄同序，雌花梗具关节，长4～8cm；子房卵状，有疣状凸起。果实绿色，卵形、宽卵形或长圆状椭圆形，疏生暗绿色鳞片状凸起，果盖锥形。种子2～4颗，表面有不规则雕纹。花期7～9月，果期9～11月。

产地分布　分布于辽宁、河北、河南、山东、江苏、浙江、安徽、湖南、四川、西藏、云南西部、广西、江西、福建、台湾等地。南昌市产于安义、新建、南昌、青山湖等县区。

价值评述　全草可入药，具利尿消肿、清热解毒等功效；种子中脂肪油含量较高，用于制肥皂、油饼等工业用途。

黑腺珍珠菜 *Lysimachia heterogenea* Klatt

报春花科Primulaceae

识别要点 多年生草本；高达80cm。茎直立，四棱形。基生叶匙形，早凋，茎叶对生，无柄；叶披针形或线状披针形，稀长圆状披针形，长4～13cm，基部钝或耳状半抱茎，两面密生黑色粒状腺点。总状花序顶生；苞片叶状；花萼裂片线状披针形，背面有黑色腺条和腺点；花冠白色，裂片卵状长圆形；雄蕊与花冠近等长，花丝贴生至花冠中部，花药腺形。蒴果球形，直径约3mm。花期5～7月，果期8～10月。

产地分布 分布于湖北、湖南、广东、江西、河南、安徽、江苏、浙江、福建等地。南昌市产于安义、新建、进贤等县区。

价值评述 全草可作药用，具清热利湿、活血调经、解毒等功效。植株挺拔，白花繁盛，观赏价值较高，适合湿地、水景营造。

黑藻 *Hydrilla verticillata* (L. f.) Royle　　　水鳖科 Hydrocharitaceae

识别要点 多年生沉水草本。茎圆柱形，具纵向细棱纹，质较脆。休眠芽长卵圆形，苞叶多数，螺旋状紧密排列，白色或淡黄绿色，狭披针形或披针形。叶3~8枚轮生，线形或长条形，长7~17mm，常具紫红色或黑色斑点，边缘有锯齿，具1条明显主脉。花单性，雌雄同株或异株，单生叶腋；雄佛焰苞近球形，绿色，无梗，每佛焰苞具1朵雄花；雄花萼片3枚，白色稍反卷，花瓣3片，白色或粉红色；雄蕊3枚，成熟后漂浮于水面开花；雌佛焰苞管状，绿色；苞内雌花1朵。果实圆柱形，表面有2~9个刺状凸起。种子2~6颗，茶褐色，两端尖。花、果期5~10月。

产地分布 分布于黑龙江、河北、陕西、山东、江苏、安徽、浙江、江西、福建、台湾、河南、湖北、湖南、广东、海南、广西、四川、贵州、云南等地。南昌市各县区广布。

价值评述 黑藻够吸收水体中的氮、磷等营养物质，可有效防治水体富营养化。枝叶形态优美，美感独特，是理想的水族箱造景材料。

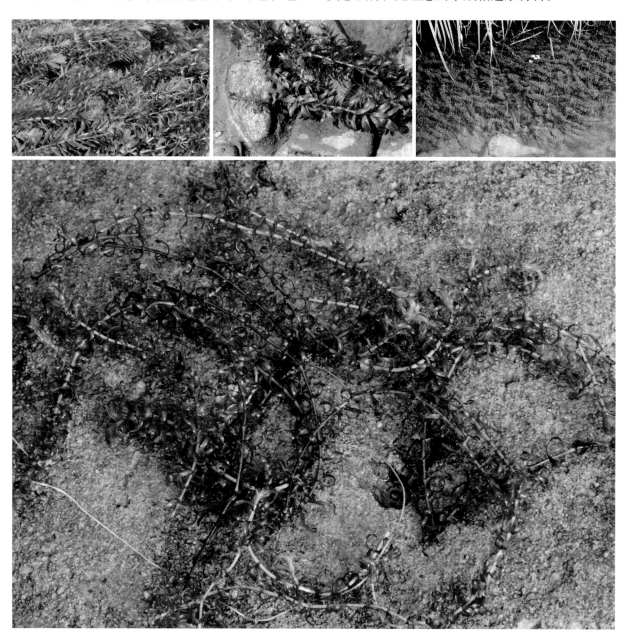

红蓼 *Persicaria orientalis* (L.) Spach　　蓼科 **Polygonaceae**

识别要点　一年生草本；高达2m。茎直立，粗壮，上部多分枝，密被长柔毛。叶宽卵形、宽椭圆形，长10～20cm，顶端渐尖，基部圆形或近心形，边缘全缘，密生缘毛，两面密生短柔毛，叶脉被长柔毛；叶柄长2～10cm，密被长柔毛；托叶鞘筒状，膜质，被长柔毛，具长缘毛，常沿顶端具绿色草质翅。总状花序呈穗状，顶生或腋生，长3～7cm，微下垂，数个花序组成圆锥状；苞片宽漏斗状，草质，绿色，被短柔毛；花梗较苞片长；花被5深裂，淡红或白色，花被片椭圆形；雄蕊7枚，较花被长；花柱2个，中下部合生，柱头头状。瘦果黑褐色，包于宿存花被内。花期6～9月，果期8～10月。

产地分布　除西藏外，全国各省份均有分布。南昌市产于新建、南昌、进贤等县区。

价值评述　果实可入药，具清热解毒、活血止痛、祛风除湿等功效；且含淀粉，为传统酿酒的原料或辅料。植株高大，花序美观，观赏价值极高，适合用于庭院花境绿化。

湖瓜草 *Lipocarpha microcephala* (R. Brown) Kunth

莎草科 Cyperaceae

识别要点 一年生草本；高10～20cm。秆丛生，纤细，被微柔毛。叶基生，短于秆，纸质，狭条形，中脉不明显，边缘常内卷；最下面的叶鞘无叶片。叶状苞片2～3枚，较花序长；穗状花序2～4个簇生秆顶端，无柄，卵形，长3～5mm，具多数螺旋状覆瓦状排列小苞片，每小苞片具1个小穗；小苞片倒披针形，淡绿色；小穗具2片小鳞片和1朵两性花；小鳞片长圆形，先端急尖或钝，具数条粗脉；雄蕊2枚，花药窄长圆形；花柱细长，柱头3个，被微柔毛。小坚果窄长圆形，长约1mm，有3棱，顶端具小短尖。花、果期6～10月。

产地分布 分布于辽宁、河北、山东、河南、江苏、安徽、浙江、台湾、福建、江西、湖北、湖南、广东、香港、海南、广西、贵州、四川、云南等地。南昌市产于安义、新建、进贤等县区。

价值评述 全草可药用，具清热解毒、消炎止痛等功效。田间常见湿地植物，其根系能有效减少水体中的污染物，可用于土壤改良和水体净化。

灰化薹草 *Carex cinerascens* Kukenth. 莎草科Cyperaceae

识别要点 多年生草本；高达60cm。秆丛生，锐三棱形，平滑，小穗下部稍粗糙，基部叶鞘无叶片。叶短于或等长于秆；苞片最下部叶状，长于或等长于小穗，无鞘。小穗3～5个，上部1～2个雄性，窄圆柱形，长2～5cm，余为雌性小穗，稀顶端具少数雄花，长1.5～3cm；花密生，下部的具柄，上部无柄；雌花鳞片长圆状披针形，具小短尖，长2.5mm，深棕色或带紫色，中间3脉淡黄绿色，边缘为窄的白色膜质。果囊卵形，长3mm，膜质，灰色或黄绿色，脉不明显，具锈点，基部收缩成短柄，顶端渐狭成不明显的喙，喙口近全缘。小坚果稍紧包果囊中，倒卵状长圆形；花柱基部稍膨大，柱头2个。花、果期4～5月。

产地分布 分布于黑龙江、吉林、辽宁、内蒙古、陕西、江苏、安徽、浙江、湖北、湖南等地。南昌市产于新建、南昌、进贤等县区。

价值评述 鄱阳湖湖滨地区优质的野生牧草，其粗蛋白质含量较高，可刈割、晒制、粉碎作为配合饲料的填充剂，也可作青贮和发酵饲料。须根发达，根状茎匍匐多分枝，能够有效地固定土壤，减少水土流失。

活血丹 *Glechoma longituba* (Nakai) Kupr.　　　　　唇形科 Lamiaceae

识别要点 多年生草本；高达30cm。具匍匐茎，上升，逐节生根；茎四棱形，基部通常呈淡紫红色，几无毛，幼嫩部分被疏长柔毛。叶草质，下部叶较小，叶片心形或近肾形，叶柄长为叶片的1～2倍；上部叶心形，疏被粗伏毛或微柔毛，边缘具粗圆齿，叶脉不明显，下面常带紫色，脉疏被柔毛或长硬毛，上部叶柄为叶片的1.5倍。轮伞花序通常2朵花；苞片及小苞片线形，被缘毛；花萼管状，萼齿卵状三角形，先端芒状；花冠蓝色或紫色，下唇具深色斑点，冠筒直立，长筒花冠长

1.7～2.2cm，短筒者通常藏于花萼内，长1～1.4cm，稍被长柔毛及微柔毛；雄蕊4枚，内藏；花盘杯状，微斜；花柱细长，无毛。成熟小坚果深褐色，长圆状卵形，顶端圆，基部稍三棱形，无毛，果脐不明显。花期4～5月，果期5～6月。

产地分布 除青海、甘肃、新疆、西藏外，全国各地均有分布。南昌市内广布。

价值评述 全草可入药，具利湿通淋、清热解毒、散瘀消肿等功效。植株小巧，花多淡紫色，清新淡雅，观赏价值较高。

鸡冠眼子菜 *Potamogeton cristatus* Regel et Maack

眼子菜科 Potamogetonaceae

识别要点 浮水植物。无明显根茎，茎纤细，近基部常匍匐地面，节处生须根，具分枝。叶二型；花期前全为沉水叶，线形，互生，全缘，无柄；近花期或开花时生出浮水叶，通常互生，花序梗下近对生，叶片椭圆形、矩圆形或矩圆状卵形，稀披针形，革质，全缘，具长 1～1.5cm 的柄；托叶膜质，与叶离生。休眠芽腋生，明显特化呈细小纺锤状，下面具 3～5 枚直伸的针状小苞叶。穗状花序密集顶生，具花 3～5 轮；花序梗稍膨大，略粗于茎；花被片 4 枚；雌蕊 4 枚，离生。果实斜倒卵形，基部具长约 1mm 的柄；背部中脊明显成鸡冠状，喙长约 1mm，斜伸。花、果期 5～9 月。

产地分布 分布于东北地区及河北、江苏、浙江、江西、福建、台湾、河南、湖北、湖南、四川等地。南昌市产于安义、新建等县区。

价值评述 全草入药，具清热解毒、利湿通淋、止血等功效。根系可以吸收水体中氮、磷等营养物质和污染物，有助于净化水质，改善水生态环境；其生长状况可以反映水体的生态环境质量，是生态环境良好的指示物种之一。

笄石菖 *Juncus prismatocarpus* R. Brown

灯芯草科 Juncaceae

识别要点 多年生草本；高达 65cm。具根状茎和多数黄褐色须根。茎丛生，直立或斜上，下部节上有时生不定根。基生叶少数，茎生叶 2～4 枚；叶片线形，扁平，长 10～25cm，顶端渐尖，具不完全横隔；叶鞘边缘膜质，有时带红褐色；叶耳稍钝。头状花序 5～30 个排成顶生复聚伞花序，花序常分枝，具长短不等的花序梗；叶状总苞片常 1 枚，线形，短于花序；苞片多枚，宽卵形或卵状披针形，膜质；花被片线状披针形，内外轮等长或内轮稍短，顶端尖锐，背面有纵脉，边缘狭膜质，绿色或淡红褐色；雄蕊 3 枚，花药线形，淡黄色；花柱短，常弯曲。蒴果三棱状圆锥形，淡褐色或黄褐色。花期 3～6 月，果期 7～8 月。

产地分布 分布于山东、江苏、安徽、浙江、江西、福建、台湾、湖北、湖南、广东、海南、广西、四川、贵州、云南、西藏等地。南昌市产于安义、新建、东湖等县区。

价值评述 全株可入药，具清热利湿、解毒消肿等功效。

荠苎 *Mosla grosseserrata* Maxim.　　　唇形科 Lamiaceae

识别要点　一年生草本。茎直立，方形，有棱及槽，被有向下的短柔毛，后无毛，亮绿色，分枝平展。基生叶贴地丛生，茎生叶对生，长椭圆形或披针形，边缘有钝锯齿，叶腺上有柔毛。总状花序较短，全部顶生，具多数紫色小花；苞片披针形，比花梗长；花萼被短柔毛，被光亮腺点，上唇具锐齿，中齿较短；花冠长于花萼，无毛环；不育雄蕊的药室明显。小坚果褐色，比萼筒短，近球形，基部略锐尖，具疏网纹，基部小窝明显。花期 7～8 月，果期 8～11 月。

产地分布　分布于安徽、江苏、吉林、辽宁等地。南昌市产于安义、新建等县区。

价值评述　全株可入药，具祛风镇咳、解毒杀虫、利尿消肿等功效。

节节菜 *Rotala indica* (Willd.) Koehne　　　千屈菜科 Lythraceae

识别要点　一年生草本。茎多分枝，节上生根，具4棱。基部匍匐，上部直立或稍披散。叶对生，倒卵状椭圆形或长圆状倒卵形，长 0.4～1.7cm，侧枝叶先端近圆有小尖头，基部楔形，下面叶脉明显，边缘软骨质。腋生穗状花序，花小，稀单生；苞片叶状；萼筒钟形，膜质，半透明，裂片4枚；花瓣4片，倒卵形，淡红色，极小，宿存；雄蕊4枚，与萼筒等长；子房椭圆形，长约1mm。蒴果椭圆形，稍有棱，长约1.5mm，成熟时常2瓣裂。花期 9～10 月，果期 10 月至翌年 4 月。

产地分布　分布于广东、广西、湖南、江西、福建、浙江、江苏、安徽、湖北、陕西、四川、贵州、云南等地。南昌市产于新建、东湖、南昌、进贤等县区。

价值评述　全草可入药，具清热利湿、止泻等功效。植株矮小，叶密集而生，适合作为小型水景的观赏植物。

爵床 *Justicia procumbens* Linnaeus   爵床科Acanthaceae

识别要点　一年生草本；高达50cm。茎基部匍匐，常有短硬毛。叶椭圆形或椭圆状长圆形，长1.5～3.5cm，宽1.3～2cm，先端锐尖或钝，基部宽楔形或近圆形；叶柄短，长3～5mm。穗状花序顶生或生上部叶腋，苞片披针形，有缘毛，花萼裂片4枚，线形，边缘膜质；花冠粉红色，二唇形，下唇3浅裂；雄蕊2枚，药室不等高，下方1室有距。蒴果上部具4颗种子，下部实心似柄状。种子表面有瘤状皱纹。花、果期3～10月。

产地分布　分布于安徽、重庆、福建、广东、广西、贵州、海南、河北、河南、湖北、湖南、江苏、江西、陕西、四川、台湾、西藏、云南、浙江等地。南昌市各县区广布。

价值评述　全草可入药，具活血止痛等功效。

糠稷 *Panicum bisulcatum* Thunb.   禾本科Poaceae

识别要点　一年生草本；高可达1m。秆直立或基部伏地，节上生根。叶鞘松弛，边缘被纤毛；叶舌膜质，顶端具纤毛；叶片质薄，狭披针形，长5～20cm，宽3～15mm，顶端渐尖，基部近圆形，几无毛。圆锥花序长达30cm，分枝细，斜举或平展，无毛或粗糙；小穗椭圆形，长2～2.5mm，具细柄，常为绿色；第一颖近三角形，长为小穗的一半，基部略微包卷小穗；第二颖与第一外稃等长，外被细毛或后脱落；第一内稃缺，第二外稃椭圆形，顶端尖，表面平滑，成熟时黑褐色。花、果期9～11月。

产地分布　分布于浙江、安徽、河南、湖南、湖北、江西、广东、福建、云南、四川、河北、辽宁等地。南昌市各县区广布。

价值评述　全草可入药，具利胃益脾、凉血解暑、益气等功效；茎、叶质地柔软，富含蛋白质、维生素等营养成分，是一种优良的青饲料。植株形态较为独特，茎秆纤细，叶片细长，圆锥花序开展，具有一定的观赏价值。

蓝花参 *Wahlenber giamarginata* (Thunb.) A. DC. 桔梗科 Campanulaceae

识别要点 多年生草本；高达40cm；全体有白色乳汁。根细长，细胡萝卜状。茎自基部多分枝，直立或上升，无毛或下部疏生长硬毛。叶互生，无柄或具短柄，常在茎下部密集，下部叶匙形，上部叶线状披针形或椭圆形，边缘波状或具疏锯齿，或全缘，无毛或疏生长硬毛。花梗极长，可达15cm；花萼无毛，萼筒倒卵状圆锥形，裂片三角状钻形；花冠钟状，蓝色，深裂，裂片倒卵状长圆形。蒴果倒卵状圆锥形，有10条不明显肋，长5~7mm。花、果期2~5月。

产地分布 分布于江苏、安徽、浙江、台湾、江西、河南、陕西、湖北、湖南、海南、广西、贵州、云南、四川、青海等地。南昌市各县区广布。

价值评述 以根或全草入药，具益气补虚、祛痰止咳、促进消化等功效。植株小巧，花朵浅蓝，清新淡雅，具有一定的观赏价值。

老鸦瓣 *Amana edulis* (Miq.) Honda 百合科 Liliaceae

识别要点 多年生草本；高达25cm。鳞茎皮纸质，内面密被长柔毛，通常不分枝。叶2枚，长条形，长10～25cm，远比花长，上面无毛。花单朵顶生，靠近花的基部具2枚对生苞片，苞片狭条形，长2～3cm；花被片狭椭圆状披针形，长20～30mm，白色，背面有紫红色纵条纹；雄蕊3长3短，花丝无毛，中部稍扩大，向两端逐渐变窄或从基部向上逐渐变窄；子房长椭圆形。蒴果近球形，有长喙，长5～7mm。花期3～5月，果期6～7月。

产地分布 分布于辽宁、山东、江苏、浙江、安徽、江西、湖北、湖南、陕西等地。南昌市产于新建、进贤等县区。

价值评述 鳞茎可入药，具清热解毒、散结消肿等功效。老鸦瓣是华东地区最早开花的野生草花之一，被称为"中国本土的郁金香"。其植株小巧，花朵洁白，花被片背面有紫红色纵条纹，具有独特的美感。

犁头叶堇菜 *Viola magnifica* C. J. Wang et X. D. Wang

董菜科 Violaceae

识别要点 多年生草本；高达28cm。根状茎粗，有多条圆柱状支根及纤维状细根；无地上茎。叶均基生，常5～7枚；叶片果期较大，三角形、三角状卵形或长卵形，先端渐尖，基部宽心形或深心形，两侧垂片大而开展，边缘具粗锯齿，齿端钝而稍内曲，上面深绿色，两面无毛或下面沿脉疏生短毛；叶柄长达20cm，上部有窄翅，托叶大，一半与叶柄合生，离生部分线形或窄披针形，边缘近全缘或疏生细齿。花浅红色；顶端两花瓣稍大，倒卵形，有紫色脉纹；侧瓣里面基部有须毛；下方花瓣近匙形，紫纹颜色最深。蒴果椭圆形，果柄长4～15cm，近中部或中部以下有2枚线形小苞片；宿存萼片狭卵形，基部附属物长3～5mm，末端齿裂。花期5～6月，果期7～9月。

产地分布 分布于安徽、浙江、江西、湖北、湖南、四川等地。南昌市各县区广布。

价值评述 全草入药，具清热解毒、凉血消肿、化瘀排脓等功效。植株形态独特，叶片形状美观，具有一定的观赏价值。

两歧飘拂草 *Fimbristylis dichotoma* (L.) Vahl

莎草科Cyperaceae

识别要点 一年生草本；高可达50cm。秆丛生，无毛或被疏柔毛。叶线形，略短于秆或与秆等长，被柔毛或无毛，顶端急尖或钝；鞘革质，上端近平截，膜质部分较宽而呈浅棕色；苞片3～4枚，叶状。小穗单生辐射枝顶，卵形、椭圆形或长圆形，长0.4～1.2cm，多花；鳞片卵形、长圆状卵形或长圆形，长2～2.5mm，褐色，脉3～5条，具短尖；雄蕊1～2枚，花丝较短；花柱扁平，长于雄蕊，上部有缘毛，柱头2个。小坚果宽倒卵形，双凸状，长约1mm，纵肋7～9条，网纹近横长圆形，无疣状突起，柄褐色。花、果期7～10月。

产地分布 分布于云南、四川、广东、广西、福建、台湾、贵州、江苏、江西、浙江、河北、山东、山西、辽宁、吉林、黑龙江等地。南昌市各县区广布。

价值评述 全草可入药，具清热利尿、解毒等功效；根系发达，可以固持土壤，防治水土流失；形态独特，具有一定的观赏价值。

蓼子草 *Persicaria criopolitana* (Hance) Migo　　　　　　蓼科**Polygonaceae**

识别要点　一年生草本；高达15cm。茎自基部分枝，平卧，丛生，节部生根，被长糙伏毛及稀疏腺毛。叶狭披针形或披针形，长1～3cm，顶端急尖，基部狭楔形，两面被糙伏毛，边缘具缘毛及腺毛；叶柄极短或近无柄，托叶鞘膜质，密被糙伏毛，顶端平截形。头状花序顶生，花序梗密被腺毛；苞片卵形，有毛被；花梗较苞片长，顶部具关节；花被5深裂，淡紫红色，花被片卵形；雄蕊5枚，花药紫色；花柱2个，中上部合生。瘦果椭圆形，双凸镜状，长约2.5mm，包于宿存花被内。花期7～11月，果期9～12月。

产地分布　分布于河南、陕西、江苏、浙江、安徽、江西、湖南、湖北、福建、广东、广西等地。南昌市产于新建、红谷滩、进贤等县区。

价值评述　全草入药，具祛风解表、清热解毒等功效。花朵为淡红色或白色，在花期形成一片淡雅的花海，可用于打造湿地景观。

鳞叶龙胆 *Gentiana squarrosa* Ledeb.　　　　　　龙胆科 Gentianaceae

识别要点　一年生草本；高达8cm。茎密被黄绿色或杂有紫色乳突，基部多分枝。叶先端钝圆或急尖，基部渐狭，叶缘厚软骨质；基生叶大，花期枯萎，宿存，卵圆形或卵状椭圆形，6～10mm；茎生叶小，外反，倒卵状匙形或匙形，长4～7mm；叶柄白色膜质，边缘被短睫毛。花多数，单生枝顶；花萼倒锥状筒形，萼筒叶状绿色，裂片外反，先端钝圆，基部圆形，缢缩成爪；花冠蓝色，筒状漏斗形，长7～10mm，裂片卵状三角形，先端钝，褶卵形，边缘全缘或具细齿。雄蕊生于冠筒中部；子房宽椭圆形，先端钝圆，基部渐狭成粗柄；花柱柱状，柱头2裂，外反。蒴果倒卵状长圆形，长3.5～5.5mm，顶端具宽翅，两侧具窄翅。花、果期4～9月。

产地分布　分布于吉林、辽宁、内蒙古、河北、山东、河南、山西、陕西、甘肃、宁夏、新疆、青海、四川、云南等地。南昌市产于新建区。

价值评述　全草可入药，具清热利湿、解毒消痈等功效。植株小巧，花色艳丽，具有一定观赏价值。

柳叶白前 *Vincetoxicum stauntonii* (Decne.) C. Y. Wu et D. Z. Li　　夹竹桃科 Apocynaceae

识别要点　多年生草本；高达1m。茎无毛，须根纤细，节上丛生。叶对生，纸质，叶片线形或线状披针形，长6～13cm，先端渐尖，侧脉约6对，中脉在叶背显著；叶柄长5mm。聚伞花序腋生，小苞片众多，花序梗长达1.7cm；花萼深裂，裂片卵状长圆形，内面基部具腺体；花冠紫色，稀黄绿色，辐状，花冠筒长约1.5mm，裂片线状长圆形，内面被长柔毛；副花冠裂片5枚，卵形，内面龙骨状；花药顶端附属物圆形，覆盖柱头，花粉块长圆形；柱头凸起，内藏。蓇葖果窄披针状圆柱形，长9～12cm。种子长圆形，种毛长约2.5cm。花期5～8月，果期9～12月。

产地分布　分布于甘肃、安徽、江苏、浙江、湖南、江西、福建、广东、广西、贵州等地。南昌市产于安义等县区。

价值评述　全株可入药，具清热解毒、降气下痰等功效。其根系较为发达，可以固持土壤，防治水土流失。

芦苇 *Phragmites australis* (Cav.) Trin. ex Steud.　　　　　　　**禾本科 Poaceae**

识别要点　多年生草本；高可达5m。根状茎十分发达。秆直立，具20多节，基部和上部的节间较短，最长节间位于下部第4～6节，长20～40cm，节下被蜡粉。叶鞘下部短于上部，长于其节间；叶舌边缘密生一圈短纤毛，两侧缘毛长3～5mm，易脱落；叶片披针状线形，长30cm，顶端长渐尖成丝状。圆锥花序大型，分枝多数，着生稠密下垂的小穗；小穗长约1.2cm，具4朵花，小穗柄长2～4mm，无毛；颖具3脉，第一颖长4mm；第二颖长约7mm；第一不孕外稃雄性，长约12mm，第二外稃长11mm，具3脉，顶端长渐尖，基盘延长，两侧密生等长于外稃的丝状柔毛，与无毛的小穗轴相连接处具明显关节，成熟后易自关节脱落；内稃长约3mm，两脊粗糙；雄蕊3枚，花药黄色。颖果呈披针形，长约1.5mm。花期7月，果期8～11月。

产地分布　全国各省均有分布。南昌市内广布。

价值评述　根系发达，具有很强的吸附和过滤能力，具有改善水质，保护水生态环境的作用；根茎可作药用，具清热泻火、生津止渴等功效；茎秆纤维含量高，质量好，可作造纸原料、编织材料；茎、叶可晒制干草和青贮。芦苇花序美观，可作湖岸、水边观赏植物。

乱草 *Eragrostis japonica* (Thunb.) Trin.　　　　　　　　　　　　　禾本科 Poaceae

识别要点　一年生草本；高达 1m。秆直立或膝曲丛生，具 3～4 节。叶鞘无毛，通常长于节间；叶舌膜质；叶片平展，长 3～25cm，光滑无毛。圆锥花序长圆形，常超过植株一半；分枝纤细，簇生或轮生，腋间无毛；小穗卵圆形，有 4～8 朵小花，成熟后紫色，自小穗轴自上而下逐节断落；颖近等长，长约 0.8mm，先端钝，具 1 脉；第一外稃广椭圆形，长约 1mm，先端钝，具 3 脉，侧脉明显；内稃长约 0.8mm，先端 3 齿裂，具 2 脊，脊上疏生短纤毛；雄蕊 2 枚。颖果棕红色，透明，卵圆形。花、果期 6～11 月。

产地分布　分布于安徽、浙江、台湾、湖北、江西、广东、云南等地。南昌市各县区广布。

价值评述　全草可入药，具清热凉血等功效。植株形态较为自然、蓬松，可用于园林绿化。

马兜铃 *Aristolochia debilis* Sieb. et Zucc.

马兜铃科 Aristolochiaceae

识别要点 多年生草质藤本。常具块状根，茎有腐肉味。叶互生，全缘或3～5裂，基部常心形，羽状脉或掌状3～7出脉，无托叶，具叶柄，两面无毛。总状花序腋生或生于老茎上，稀单生；小苞片三角形，易脱落；花被筒基部球形，与子房连接处具关节，口部漏斗状，黄绿色，具紫斑，檐部一侧极短，另一侧延伸成卵状披针形舌片；花药卵圆形，贴生于合蕊柱近基部，合蕊柱先端6裂，稍具乳头状凸起，裂片先端钝，向下延伸形成波状圆环；子房圆柱形，6棱。蒴果近球形，先端微凹，具6棱，成熟时由基部向上沿空间6瓣开裂；果梗长2.5～5cm，常撕裂成6条。花期7～8月，果期9～10月。

产地分布 分布于湖南、江西、云南、广东、福建、浙江、山东、陕西、河南等地。南昌市产于安义、新建、南昌等县区。

价值评述 在传统中医中，其藤称天仙藤，具理气、祛湿、活血止痛等功效，其根称青木香，具行气止痛、解毒消肿等功效；但马兜铃酸具较强肾毒性并易致肝癌，目前已被严格限制使用。花形比较奇特，花色艳丽，可作绿篱和垂直绿化植物。

马松子 *Melochia corchorifolia* L.

识别要点 一年生草本；高达1m。枝黄褐色，略被星状短柔毛。叶薄纸质，卵形、矩圆状卵形或披针形，稀有不明显3浅裂，长2.5～7cm，顶端急尖或钝，基部圆形或心形，边缘有锯齿，上面近无毛，下面略被星状毛，基生脉5条；叶柄长5～25mm，托叶条形。密聚伞花序或团伞花序顶生或腋生；小苞片条形，混生在花序内；花萼钟状，5浅裂，外面被长柔毛和刚毛，内面无毛，裂片三角形；花瓣5枚，白色，后变为淡红色；雄蕊5枚，下部连合成筒，与花瓣对生；子房5室，密被柔毛，花柱5枚，线状。蒴果球形，有5棱，被长柔毛，每室有1～2颗种子。花、果期6～10月。

产地分布 分布于安徽、江苏、浙江、福建、台湾、江西、湖北、湖南、广东、香港、海南、广西、贵州、云南、四川、河南等地。南昌市产于安义、新建、红谷滩、南昌、进贤等县区。

价值评述 全草可入药，具消炎止痒、清热利湿等功效；茎皮纤维可与黄麻混纺以制麻袋。小巧而别致，成片时具有较高观赏价值。

毛臂形草 *Brachiaria villosa* (Ham.) A. Camus

识别要点 一年生草本；高达40cm。全体密被柔毛。叶鞘尤以鞘口及边缘毛被更密；叶舌小，具纤毛；叶片卵状披针形，长1～4cm，先端急尖，边缘呈波状皱折，基部钝圆。圆锥花序由4～8个总状花序组成；总状花序长1～3cm；主轴与穗轴密生柔毛；小穗卵形，单生，长约2.5mm；小穗柄长0.5～1mm；第一颖长为小穗一半，具3脉；第二颖等长或略短于小穗，具5脉；第一小花中性，其外稃与小穗等长，具5脉，内稃膜质，狭窄；第二外稃革质，稍包卷同质内稃，具横细皱纹；鳞被2枚，膜质，折叠；花柱基分离。花、果期7～10月。

产地分布 分布于河南、陕西、甘肃、安徽、江西、浙江、湖南、湖北、四川、贵州、福建、台湾、广东、广西、云南等地。南昌市产于进贤等县区。

价值评述 全草可入药，具清热利尿、通便等功效。

毛草龙 *Ludwigia octovalvis* (Jacq.) Raven　　　　　柳叶菜科 Onagraceae

识别要点　多年生草本；高可达2m。多分枝，稍具纵棱，常被伸展的黄褐色粗毛。叶披针形至线状披针形，长4～12cm，先端渐尖或长渐尖，基部渐窄，侧脉每侧9～17对，在近边缘处环结，两面被黄褐色粗毛，边缘具毛；叶柄长至5mm或无柄，托叶小，三角状卵形，或近退化。萼片4枚，卵形，基出3脉，两面被粗毛；花瓣黄色，侧脉4～5对；雄蕊8枚；花药宽长圆形，花柱与内轮雄蕊近等长，较外轮的稍短，柱头近头状，浅4裂；花盘隆起，基部围以白毛，子房圆柱状，密被粗毛。蒴果圆柱状，具8棱，绿色至紫红色，被粗毛；种子每室多列，离生，近球状或倒卵状，表面具横条纹。花期6～8月，果期8～11月。

产地分布　分布于江西、浙江、福建、台湾、广东、香港、海南、广西、云南等地。南昌市产于新建、南昌、进贤等县区。

价值评述　全草可入药，具清热利湿、解毒消肿等功效。

毛花点草 *Nanocnide lobata* Wedd.　　　　　荨麻科 Urticaceae

识别要点　多年生草本。茎柔软，铺散丛生，自基部分枝，长度17～40cm，常半透明，有时下部带紫色，被向下弯曲的微硬毛。叶膜质，宽卵形至三角状卵形；先端钝或锐尖，基部近截形至宽楔形，边缘每边具4～5（～7）枚不等大的粗圆齿或近裂片状粗齿，齿三角状卵形；基出脉3～5条，两面散生短杆状钟乳体；托叶膜质，卵形，具缘毛。雄花淡绿色，直径2～3mm，常生于枝的上部叶腋，具短梗；花被（4～）5深裂，裂片卵形，背面上部有鸡冠突起，其边缘疏生白色小刺毛；雌花花被片绿色，长1～1.5mm，不等4深裂，外面一对较大，长过子房，在背部龙骨上和边缘密生小刺毛。瘦果卵形，有疣点状突起，外面围以稍大的宿存花被片。花期4～6月，果期6～8月。

产地分布　分布于四川、贵州、湖北、湖南、广西、广东、台湾、福建、江西、浙江、江苏、安徽及云南东部等地。南昌市产于新建、安义等县区。

价值评述　全草可药用，具化痰止咳、清热利湿等功效。

陌上菜 *Lindernia procumbens* (Krock.) Borbas　　　　母草科Linderniaceae

识别要点　一年生草本；高达20cm。茎基部多分枝，无毛。叶无柄，叶片椭圆形至矩圆形，近菱形，长1～2.5cm,，顶端钝或圆，叶片全缘或有不明显钝齿，两面无毛，叶脉并行，自叶基发出3～5条。花单生叶腋；花梗纤细，比叶长，无毛；花萼仅基部联合，萼齿5枚，条状披针形，先端钝头，外面微被短毛；花冠粉红或紫色，向上渐扩大，上唇短，长约1mm，2浅裂，下唇甚大于上唇，长约3mm，3裂，侧裂椭圆形较小，中裂圆形，向前突出；雄蕊4枚，全育，前方2枚雄蕊的附属物腺体状而短小；柱头2裂。蒴果球形或卵球形，与萼近等长或稍长。花期7～10月，果期9～11月。

产地分布　分布于四川、云南、贵州、广西、广东、湖南、湖北、江西、浙江、江苏、安徽、河南、河北、吉林、黑龙江等地。南昌市产于安义、新建、进贤、南昌等县区。

价值评述　全草可入药，具清泻肝火、凉血解毒、消炎退肿等功效；幼嫩茎叶可食用，食物匮乏的年代曾是人们的"救命粮"之一。

母草 *Lindernia crustacea* (L.) F. Muell　　　　　　　　　　母草科 Linderniaceae

识别要点　一年生草本；高达20cm。茎多分枝，弯曲上升，微方形有深沟纹，无毛。叶有短柄；叶片三角状卵形或宽卵形，长10～20mm，顶端钝或短尖，基部宽楔形或近圆形，边缘有浅钝锯齿。花单生叶腋，或在茎顶端集生成极短的总状花序；花梗细弱，有沟纹；花萼坛状，齿三角状卵形，中肋明显，外面有稀疏粗毛；花冠紫色，管略长于萼，上唇直立，卵形，钝头，有时2浅裂，下唇3裂，中间裂片较大，稍长于上唇；雄蕊4枚，全育，花柱常早落。蒴果椭圆形，与宿存花萼等长。

产地分布　分布于浙江、江苏、安徽、江西、福建、台湾、广东、海南、广西、云南、西藏、四川、贵州、湖南、湖北、河南等地。南昌市各县区广布。

价值评述　全草可入药，具清热解毒、活血止痛、利湿止痢、通经等功效；嫩苗和嫩叶可以食用。植株矮小，铺散成密丛，花朵小巧精致，呈淡紫色，具有一定的观赏价值。

囊颖草 *Sacciolepis indica* (L.) A. Chase 禾本科Poaceae

识别要点 一年生草本。通常丛生，秆高达1m，有时下部节上生根。叶鞘具棱脊，短于节间，常松弛；叶舌膜质，顶端被短纤毛；叶片线形，长5～20cm，宽2～5mm，基部较窄。圆锥花序紧缩成圆筒状，长可达16cm或更长，向两端渐狭或下部渐狭，主轴无毛，具棱，分枝短；小穗卵状披针形，向顶渐尖而弯曲，绿色或染以紫色，长2～2.5mm；第一颖为小穗长的一半，通常具3脉，基部包裹小穗；第二颖背部囊状，与小穗等长，具明显的7～11脉，通常9脉；第一外稃等长于第二颖；第一内稃退化或短小，透明膜质；第二外稃平滑光亮，长约为小穗的一半，边缘包着较其小而同质的内稃；鳞被2枚，阔楔形，具3脉；花柱基分离。颖果椭圆形，长约0.8mm。花、果期7～11月。

产地分布 分布于广东、广西、福建、浙江、安徽、河南、湖北、湖南、江西、云南等地。南昌市各县区广布。

价值评述 全草可入药，具生肌敛伤、止血等功效。可以作为一种饲料资源，为牲畜提供一定的营养。

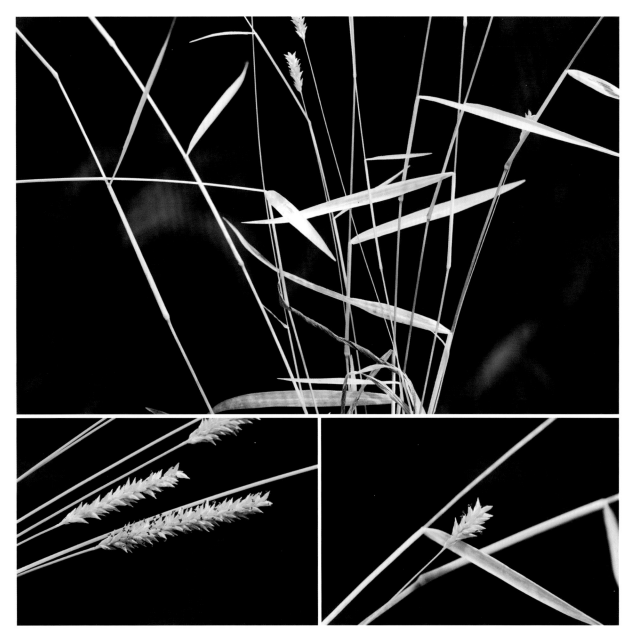

糯米团 *Gonostegia hirta* (Bl.) Miq.　　　　荨麻科Urticaceae

识别要点　多年生草本；高达1.6m。茎蔓生、铺地或渐升；茎上部四棱形，被短柔毛。叶对生，叶片草质或纸质，宽披针形至狭披针形、狭卵形，叶面粗糙，疏被伏毛或近无毛，叶背沿脉上疏被毛，长3～10cm，顶端长渐尖，基部浅心形或圆形，边缘全缘，基出脉3～5条，叶柄长1～4mm，托叶钻形，长约2.5mm。团伞花序腋生，雌雄异株，苞片三角形；雄花5基数，花被片倒披针形，长2～2.5mm，花丝条形，退化雌蕊极小，圆锥状；雌花花被菱状窄卵形，顶端具2小齿，果期呈卵形，具10条纵肋。瘦果卵球形，长1.5mm，白或黑色。花期7～8月，果期9月。

产地分布　分布于西藏、云南、贵州、四川、江西、湖南、湖北、陕西、河南、江苏、浙江、广西等地。南昌市各县区广布。

价值评述　全草可入药，具清热解毒、健脾、止血等功效。

萍蓬草 *Nuphar pumila* (Timm) de Candolle

睡莲科 Nymphaeaceae

识别要点 浮叶植物；根状茎直径2～3cm。叶纸质，宽卵形或卵形，少数椭圆形，先端圆钝，基部具弯缺，心形，裂片远离，上面光亮无毛，下面密生柔毛；侧脉羽状，几次二歧分枝；叶柄长20～50cm，有柔毛。花直径3～4cm；花梗长40～50cm，有柔毛；萼片黄色，外面中央绿色，矩圆形或椭圆形，长1～2cm；花瓣窄楔形，先端微凹；柱头盘常10浅裂，淡黄色或带红色。浆果卵形，长约3cm。种子矩圆形，褐色。花期5～7月，果期7～9月。

产地分布 分布于黑龙江、吉林、河北、江苏、浙江、江西、福建、广东等地。南昌市产于新建、南昌、进贤等县区。

价值评述 全草可入药，具滋阴清热、劳伤虚损等功效；花朵金黄鲜艳，花期在夏季，是夏季水景园中极为重要的观赏植物。

识别要点 浮叶植物；植株高达20cm。根状茎细长横走，分枝，顶端被有淡棕色毛，茎节远离，向上发出一至数枚叶片。叶柄长5～20cm；叶片由4枚倒三角形的小叶组成，呈十字形，长宽各1～2.5cm，外缘半圆形，基部楔形，边缘全缘，幼时被毛，草质；叶脉从小叶基部向上呈放射状分叉，组成狭长网眼，伸向叶边，无内藏小脉；叶柄基部生有短柄，孢子果双生或单生于短柄上。果长椭圆形，幼时被毛，褐色，木质；孢子囊多数，大孢子囊和小孢子囊同生于孢子囊托上，一个大孢子囊只有一个大孢子，小孢子囊内有多数小孢子。子囊果期7～9月。

产地分布 分布于湖南、湖北、广东、广西、江西、浙江、上海、江苏、安徽、河南、河北、山东、吉林、辽宁、新疆等地。南昌市各县区广布。

价值评述 全草可入药，具清热解毒、利水消肿等功效。叶形别致美观，可作水景植物。

千屈菜 *Lythrum salicaria* L.　　　　　　　　　　　　　千屈菜科Lythraceae

识别要点 多年生草本；高达1m。根茎粗壮，茎直立，多分枝，稍被粗毛或密被绒毛，枝常四棱形。叶对生或三叶轮生，披针形，先端钝或短尖，基部圆形或心形，有时稍抱茎，无柄。聚伞花序，簇生，花梗及总梗甚短，花枝似一大型穗状花序，苞片宽披针形至三角状卵形；萼筒长5～8mm，有纵棱12条，稍被粗毛，裂片6枚，三角形，附属体针状；花瓣6片，红紫色或淡紫色，着生于萼筒上部，有短爪，稍皱缩；雄蕊12枚，6长6短，伸出萼筒。蒴果扁圆形。花期7～9月，果期9～10月。

产地分布 分布于全国各地。南昌市各县区广布。

价值评述 全草可入药，具清热、止血崩等功效。花色艳丽，优良观赏植物。

芡 *Euryale ferox* Salisb. ex DC

睡莲科 Nymphaeaceae

识别要点 一年生浮叶草本，多刺。根状茎粗壮。叶二型：初生叶沉水，叶及叶柄无刺，叶箭形或椭圆肾形；次生叶浮水，叶及叶柄多刺，叶革质，椭圆肾形至圆形，盾状，全缘，上面深绿色，多褶皱，下面深紫色，叶脉分枝处均有锐刺。花梗粗壮，具硬刺；萼片4枚，宿存，内面紫色，外面密生稍弯硬刺，萼筒和花托基部愈合；花瓣紫红色，成数轮排列，向内渐变成雄蕊；无花柱，柱头红色，成凹入的柱头盘。浆果球形，径3～5cm，污紫红色，外面密生硬刺。种子球形。花期7～8月，果期8～9月。

产地分布 分布于黑龙江、吉林、辽宁、河北、河南、山东、江苏、安徽、浙江、福建、湖北、湖南、广西等地。南昌市产于新建、南昌、进贤等县区。

价值评述 根、茎、叶、果均可入药，具补脾益肾等功效；种子含淀粉，供食用、酿酒及制副食品用。叶大如盖，花色明艳，可作园林水体植物材料。

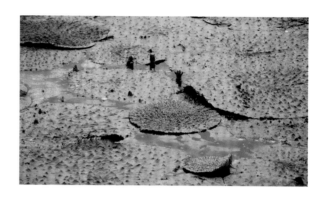

球穗扁莎 *Pycreus flavidus* (Retzius) T. Koyama

莎草科 Cyperaceae

识别要点 一年生草本。根状茎短。秆丛生，钝三棱状，一面具沟，平滑。叶短于秆，折合或平展；叶鞘下部红棕色。叶状苞片2～4枚，较花序长；长侧枝聚伞花序，具辐射枝1～6条，有的极短，缩成头状，每条辐射枝具2～20个小穗；小穗密聚于辐射枝上端，呈球形，辐射展开，线状长圆形或线形，扁平，长0.6～1.8cm；小穗轴近四棱形，两侧具横隔的槽；鳞片稍疏松排列，长圆状卵形，先端钝，长1.5～2mm，背面龙骨状突起绿色，3脉，两侧黄褐色、红褐色或暗紫红色，具白色透明狭边；雄蕊2枚；柱头2个。小坚果倒卵形，具短尖，双凸状，褐色，具白色透明有光泽的细胞层和微突起细点。花、果期6～11月。

产地分布 分布于辽宁、吉林、黑龙江、陕西、山西、山东、河北、江苏、浙江、安徽、福建、广东、海南、贵州、云南、四川等地。南昌市产于安义、新建、南昌、进贤等县区。

价值评述 全草入药，具调经行气等功效，外用于治疗跌打损伤。

球柱草 *Bulbostylis barbata* (Rottb.) C. B. Clarke　　　　莎草科Cyperaceae

识别要点　一年生草本。秆丛生，无毛。叶纸质，线形全缘，边缘微外卷，背面叶脉间疏被微柔毛；叶鞘薄膜质，边缘具白色长柔毛状缘毛。苞片2～3枚，线形，边缘外卷，背面疏被微柔毛；长侧枝聚伞花序头状，具密聚的无柄小穗3至数个；小穗披针形或卵状披针形，长3～6.5mm，基部钝，顶端急尖，具7～13朵花；鳞片覆瓦状排列，膜质，棕色或黄绿色，顶端具外弯芒状短尖，被疏缘毛或背面被疏微柔毛，背面具龙骨状突起，黄绿色脉1或3条；雄蕊1或2枚，花药长圆形。小坚果倒卵形，三棱形，长0.8mm，表面细胞呈方形网纹，顶端平截或微凹，具盘状的花柱基。花、果期4～10月。

产地分布　分布于辽宁、河北、河南、山东、浙江、安徽、江西、福建、台湾、湖北、广东、海南、广西等地。南昌市产于安义、进贤等县区。

价值评述　全草可入药，具凉血止血功效。

如意草 *Viola arcuata* Blume　　　　　　　　　　　　　　董菜科Violaceae

识别要点　多年生草本。根状茎横走，地上茎通常数条丛生，匍匐枝蔓生。基生叶叶片深绿色，三角状心形或卵状心形，先端急尖，基部通常宽心形；茎生叶及匍匐枝上的叶片与基生叶的叶片相似，但较基生叶叶柄短；托叶披针形，全缘或具稀疏细齿和缘毛。花淡紫色或白色；萼片卵状披针形，基部附属物极短呈半圆形；花瓣狭倒卵形，侧方花瓣具暗紫色条纹，下方花瓣较短，有明显的暗紫色条纹，基部具长2mm的短距；花柱棍棒状，柱头2裂，裂片肥厚直立。蒴果长圆形。花、果期5～10月。

产地分布　分布于台湾、广东、云南、湖南、重庆、江西、福建等地。南昌市内广布。

价值评述　全草可入药，具清热、拔毒、散瘀等功效。花朵小巧可爱，犹如繁星闪烁，具有较高的观赏性。

石龙芮 *Ranunculus sceleratus* L.　　　　毛茛科 Ranunculaceae

识别要点　一年生草本；高达50cm。茎直立，几无毛。基生叶多数，叶肾状圆形，基部心形，3深裂不达基部，裂片倒卵状楔形，不等2～3裂，具粗圆齿，两面无毛或下面疏被柔毛；叶柄长3～15cm；茎生叶多数，下部叶与基生叶相似，上部叶小，3全裂，裂片披针形至线形，全缘，顶端钝圆，基部扩大成膜质宽鞘抱茎。聚伞花序顶生，花多数；花径4～8mm；花托密被短柔毛，在果期伸长增大呈圆柱形；萼片5枚，卵状椭圆形；花瓣5片，倒卵形；雄蕊10～19枚。聚合果长圆形；瘦果极多数，喙短成点状。花、果期5～8月。

产地分布　分布于吉林、黑龙江、内蒙古、青海、甘肃、新疆、福建、浙江、江苏、山东、湖北、重庆、贵州、广东等地。南昌市产于新建、东湖、青云谱等县区。

价值评述　全草含原白头翁素，有毒，入药具清热解毒、消肿散结等功效。

石龙尾 *Limnophila sessiliflora* (Vahl) Blume　　　　车前科 **Plantaginaceae**

识别要点　多年生草本。茎细长，沉水部分无毛或几无毛；气生部分长6～40cm，被短柔毛，稀几无毛。沉水叶长0.5～3.5cm，多裂，裂片细而扁平或毛发状，无毛；气生叶轮生，椭圆状披针形，具圆齿或开裂，长0.5～1.8cm，无毛，密被腺点，1～3脉。花无梗或稀具短梗，单生于气生茎和沉水茎的叶腋；小苞片无或稀具1对全缘小苞片；萼长4～6mm，被多细胞短柔毛；萼齿长2～4mm，卵形，长渐尖；花冠紫蓝色或粉红色。蒴果近球形，两侧扁。花、果期7月至翌年1月。

产地分布　分布于广东、广西、福建、江西、湖南、四川、云南、贵州、浙江、江苏、安徽、河南、辽宁等地。南昌市产于青山湖、进贤等县区。

价值评述　全草入药，具清热解毒、杀虫灭虱等功效。叶形细致，可作水族箱造景装饰植物。

瘦脊伪针茅 *Pseudoraphis sordida* (Thwaites) S.m. Phillips & S. L. Chen　禾本科Poaceae

识别要点　多年生草本。秆细弱、蔓延、多分枝。叶片短小，条状披针形至披针形，长1～5cm，宽2～4mm。圆锥花序顶生，通常紧缩，基部包藏于叶鞘内，分枝多直立，每分枝单生1个小穗，穗轴延伸于小穗之外成纤细的刚毛；小穗披针形，长4～5mm，含2朵小花，第一小花为雄花，第二小花为雌花，小穗成熟后连同整个穗轴脱落；第一颖微小；第二颖最长，包着小花；第二外稃纸质；雄蕊2枚；花柱2个，柱头帚刷状。颖果倒卵状椭圆形，成熟时露出稃外。花、果期8～11月。

产地分布　分布于山东、江苏、浙江、湖北、湖南、云南等地。南昌市产于新建、南昌、进贤等县区。

价值评述　秆叶柔软，为优良牧草。

双穗雀稗 *Paspalum distichum* Linnaeus　　　　禾本科 **Poaceae**

识别要点　多年生草本。匍匐茎横走，粗壮，长达1m，向上直立部分高达40cm，节生柔毛。叶鞘短于节间，背部具脊，边缘或上部被柔毛；叶舌2～3mm，无毛；叶片条形至条状披针形，长5～15cm，宽2～6mm。总状花序2个对生，指状排列，长2～6cm；小穗成2行排列于穗轴一侧，长3～3.5mm，倒卵状长圆形，顶端尖 疏生微柔毛；第一颖退化或微小；第二颖具明显中脉；第一外稃具3～5脉，顶端尖；第二外稃草质，等长于小穗黄绿色，顶端尖，被毛。花、果期5～9月。

产地分布　分布于江苏、台湾、湖北、湖南、云南、广西、海南等地。南昌市各县区广布。

价值评述　优良牧草和饵草；匍匐茎发达，可用作保土植物，但在局部地区为造成作物减产的恶性杂草。

水鳖 *Hydrocharis dubia* (Bl.) Backer

水鳖科 Hydrocharitaceae

识别要点 多年生浮叶草本。匍匐茎发达,具须状根。叶圆状心形,长4.5~5cm,先端圆,基部心形,叶背具蜂窝状贮气组织;叶脉5或7条;叶柄长。花单性,雌雄同株;雄花序腋生,佛焰苞2个,苞内具雄花5~6朵,每次仅1朵开放,花瓣与萼片互生,雄蕊4轮,每轮3枚,最内轮3枚退化;花丝叉状,花药基部着生;雌佛焰苞小,苞内雌花1朵;外轮花被片3枚,长卵形;内轮花被片3枚,宽卵形,白色;退化雄蕊6枚;子房下位,6室;柱头6个,深2裂。果浆果状,卵圆形,直径约1cm,6室。种子多数,种皮具毛状凸起。花、果期8~10月。

产地分布 分布于辽宁、吉林、黑龙江、河北、陕西、山东、江苏、安徽、浙江、江西、福建、台湾、河南、湖北、湖南、广东、海南、广西、四川、云南等地。南昌市各县区广布。

价值评述 全草可入药,具清热利湿等功效;可作饲用植物。叶色翠绿,可作园林水域绿化植物。

水蓼 *Persicaria hydropiper* (L.) Spach　　　蓼科 Polygonaceae

识别要点　一年生草本。茎直立，多分枝，无毛，节部膨大。叶具辛辣味，披针形或椭圆状披针形，全缘，具缘毛，两面无毛，被褐色小点，有时沿中脉具短硬伏毛，叶腋具闭花受精花；托叶鞘筒状，膜质，疏生短硬伏毛，顶端截形，具短缘毛。总状花序呈穗状，顶生或腋生，花常下垂，稀疏，下部间断；苞片漏斗状，疏生短缘毛，每苞内具3～5朵花；花被4～5深裂，上部白色或淡红色，被黄褐色透明腺点，花被片椭圆形；雄蕊6枚，稀8枚，短于花被；花柱2～3个，柱头头状。瘦果卵形，长2～3mm，双凸镜状或具3棱，包于宿存花被内。花期5～9月，果期6～10月。

产地分布　全国各地均有分布。南昌市产于安义、新建、南昌、进贤等县区。

价值评述　全草入药，具消肿解毒、利尿、止痢等功效；嫩叶可食用，并且具有独特的辛辣味。

水马齿 *Callitriche palustris* L.　　　　　　　　　　　　　**车前科 Plantaginaceae**

识别要点　一年生草本。茎纤细，多分枝。叶交互对生，在茎顶常密集排列成莲座状，浮于水面，倒卵形或倒卵状匙形，长4～6mm，宽3mm，基部渐窄，两面疏生褐色细小斑点，叶脉3条；沉于水中的茎生叶匙形或线形，长0.6～1.2cm，宽2～5mm；无柄。花单性同株，单生叶腋，为2个膜质小苞片所托；雄蕊1枚，花丝长2～4mm，花药心形；子房倒卵状，顶端圆形或微凹，花柱2个。果倒卵状椭圆形，长1～1.5mm，长过于宽，仅上部边缘具窄翅，基部具短柄。

产地分布　分布于黑龙江、吉林、辽宁、内蒙古、河南、安徽、江苏、福建、江西、湖北、湖南、广东、广西、贵州、云南、四川、西藏、青海等地。南昌市产于新建、进贤等县区。

价值评述　茎叶小巧玲珑，可作水体造景装饰植物。对污染物极敏感，可作为监测水体污染的指示植物。

水苏 *Stachys japonica* Miq.

识别要点 多年生草本。茎不分枝，四棱形，具槽，棱及节上被细糙硬毛。茎叶长圆状宽披针形，叶缘具圆齿状锯齿，两面无毛；叶柄明显，长0.3～1.7cm。轮伞花序具6～8朵花，顶部密集成5～13cm长的穗状花序；苞叶无柄，披针形，近全缘；小苞片刺状，无毛；花梗极短；花萼钟形，萼齿三角状披针形，刺尖，具缘毛；花冠粉红色或淡红紫色，冠筒长约6mm，稍内藏，近基部前方囊状，喉部内面被鳞片状微柔毛，冠檐被微柔毛，上唇倒卵形，下唇3裂，中裂片近圆形，先端微缺，侧裂片卵形。小坚果褐色，卵球形，无毛。花期5～7月，果期8～9月。

产地分布 分布于辽宁、内蒙古、河北、河南、山东、江苏、浙江、安徽、江西、福建等地。南昌市产于新建、南昌等县区。

价值评述 全草入药，具祛风解表、解毒消肿、痈肿疮毒、跌打损伤、凉血止血等功效。

水蓑衣 *Hygrophila ringens* (Linnaeus) R. Brown ex Sprengel　　爵床科 Acanthaceae

识别要点　多年生草本；高达60cm。茎四棱形。叶对生，狭矩圆状倒卵形至倒披针形，先端圆或钝，基部渐狭，全缘，侧脉不明显。花少数，1～3朵生于叶腋内；苞片矩圆状披针形，顶端钝，长1cm，小苞片狭矩圆形，长6mm；萼长1.2～1.4cm，裂片狭线状披针形，尾状渐尖，约与萼管等长，有短睫毛；花冠紫蓝色，外被疏柔毛，冠管下部圆柱形，上部肿胀，上唇钝，下唇短3裂。蒴果长柱形，长1～1.5cm。花、果期7～12月。

产地分布　分布于安徽、重庆、福建、广东、广西、贵州、海南、河南、湖北、湖南、江苏、江西、四川、台湾、云南、浙江等地。南昌市产于安义、青山湖等县区。

价值评述　全草可入药，具清热解毒、散瘀消肿等功效。

水竹叶 *Murdannia triquetra* (Wall. ex C. B. Clarke) Bruckn.　　鸭跖草科 Commelinaceae

识别要点 多年生草本。根状茎长而横走，具叶鞘，节间长6cm，节具细长须状根。茎肉质，下部匍匐，多分枝，长达40cm，节间长8cm，密生1列白色硬毛。叶无柄；叶片下部有睫毛和叶鞘合缝处有1列毛，叶片竹叶形，长2～6cm，先端渐钝尖。花序仅具单花，顶生兼腋生，花序梗长1～4cm，有1条状苞片，有时苞片腋部生1花；萼片窄长圆形，浅舟状，果期宿存；花瓣粉红色、紫红色或蓝紫色，倒卵圆形，稍长于萼片；退化雄蕊顶端戟状而不裂，花丝密生长须毛。蒴果卵圆状三棱形，每室3颗种子，有时1～2颗。种子短柱状，红灰色。花期9～10月，果期10～11月。

产地分布 分布于云南、四川、贵州、广西、海南、广东、湖南、湖北、陕西、河南、山东、江苏、安徽、江西、浙江、福建、台湾等地。南昌市各县区广布。

价值评述 全草具清热解毒、利尿消肿等功效；幼嫩茎叶肥美，可作饲用植物。

水烛 *Typha angustifolia* L.   香蒲科Typhaceae

识别要点 多年生挺水草本；高达3m。根状茎乳黄色、灰黄色，先端白色；地上茎直立，粗壮。叶长54～120cm，宽5～8mm，上部扁平，中部以下腹面微凹，背面向下逐渐隆起呈凸形，下部横切面呈半圆形，细胞间隙大，呈海绵状；叶鞘抱茎。穗状花序圆柱形，雌雄花序不连接；雄花序在上，叶状苞片1～3枚，花后脱落，花序轴密生褐色扁柔毛，雄花由雄蕊2～4枚合生组成，花粉粒单生，花丝短，下部合生成柄；雌花序在下，基部具1枚叶状苞片，花后脱落，孕性雌花柱头窄条形，白色丝状毛着生于子房柄基部。小坚果长椭圆形，具褐色斑点，纵裂。花、果期6～9月。

产地分布 分布于黑龙江、吉林、辽宁、内蒙古、河北、山东、河南、陕西、甘肃、新疆、江苏、湖北、云南、台湾等地。南昌市产于新建、红谷滩、南昌等县区。

价值评述 花粉即蒲黄，入药具止血、祛瘀、利尿等功效；叶片用于编织、造纸等；雌花序可作枕芯和坐垫的填充物。

酸模叶蓼 *Persicaria lapathifolia* (L.) S. F. Gray　　　蓼科 Polygonaceae

识别要点　一年生草本；高达90cm。茎直立，分枝，节部膨大。叶披针形或宽披针形，长5～15cm，宽1～3cm，先端渐尖或尖，基部楔形，上面常具黑褐色新月形斑点，沿中脉被短硬伏毛，全缘，叶缘具粗缘毛；叶柄短；托叶鞘筒状，具多数脉，顶端平截。总状花序呈穗状，近直立，花紧密，数个穗状花序再组成圆锥状；花序梗被腺体；花被4～5深裂，淡红色或白色，花被片椭圆形，顶端分叉，外弯；雄蕊常6枚，花柱2个。瘦果宽卵形，扁平，双凹，长2～3mm，黑褐色，有光泽，包于宿存花被内。花期6～8月，果期7～9月。

产地分布　全国各地均有分布。南昌市各县区广布。

价值评述　全草入药，具利湿解毒、消肿止痒等功效；茎叶柔嫩，可作饲料。

碎米莎草 *Cyperus iria* L. 莎草科Cyperaceae

识别要点 一年生草本。秆丛生，扁三棱状，基部具少数叶。叶短于秆，平展或折合，叶鞘红棕或紫棕色；叶状苞片3～5枚，下部的2～3枚长于花序。长侧枝聚伞花序复出，辐射枝4～9条，每条辐射枝具5～10个穗状花序或更多；穗状花序卵形或长圆状卵形，长1～4cm，具5～22个小穗；小穗轴近于无翅；小穗松散排列，斜展，长圆形、披针形或线状披针形；鳞片疏松排列，宽倒卵形，先端微缺，背面龙骨状突起，3～5脉，两侧呈黄色，上端具白色透明的边；雄蕊3枚，花丝着生在环形的胼胝体上；柱头3个。小坚果三棱状，与鳞片等长，褐色，密被微突起细点。花、果期6～10月。

产地分布 分布于辽宁、吉林、黑龙江、河北、河南、山东、陕西、甘肃、新疆、江苏、浙江、安徽、江西、湖南、湖北、云南、四川、贵州、福建、广东、广西、台湾等地。南昌市内广布。

价值评述 全草入药，具祛风止痒、活血调经等功效。

毯粟草 *Mollugo verticillata* L. **粟米草科Molluginaceae**

识别要点 一年生草本；高达30cm。基生叶莲座状，叶片倒卵形或倒卵状匙形，长1.5～2cm；茎生叶3～7枚假轮生或2～3枚生于节的一侧，叶片倒披针形或线状倒披针形，长1～3cm，宽1.5～8mm，顶端急尖或钝，基部狭楔形，全缘；叶柄短或几无柄。花淡白色或绿白色，3～5朵簇生于节的一侧，有时近腋生；花被片5枚，稀4枚，长圆形或卵状长圆形，覆瓦状排列，边缘膜质；雄蕊2～5枚，常3枚；子房3室，花柱3个。蒴果椭圆形或近球形，宿存花被包围一半以上，顶端宿存花柱，3瓣裂。花、果期8～12月。

产地分布 分布于山东、福建、台湾、广东、海南、广西等地。南昌市产于新建区。

价值评述 全草可入药，具抗菌消炎、清热解毒、消肿止痛等功效。

条穗薹草 *Carex nemostachys* Steud. **莎草科Cyperaceae**

识别要点 多年生草本。具长匍匐根状茎，粗壮，三棱柱形，基部具黄褐色叶鞘。叶生至秆中部，宽4～8mm。小穗5～8个，常聚于秆上端，排成帚状，直立；顶生小穗为雄性，线形，长5～10cm；其余小穗为雌性，长圆柱形，长4～12cm，密生花；苞片叶状，与花序近等长，无苞鞘；雄花鳞片披针形，长约5mm，顶端具芒；雌花鳞片狭披针形，长约3～4mm，苍白色，有1～3脉，顶端具长芒。果囊倒卵形，稍短于鳞片，钝三棱，膜质，紧包小坚果，疏被微硬毛，上部缢缩成长喙，喙常外弯，喙顶端膜质，斜裂。小坚果较松地包于果囊内，倒卵状椭圆形，长约1.8mm，三棱形，顶端具微弯的短喙。花、果期9～12月。

产地分布 分布于江苏、浙江、安徽、江西、湖北、湖南、贵州、云南、福建、广东等地。南昌市各县区广布。

价值评述 全草入药，具祛风止痛、凉血止血、收敛等功效。

乌桕 *Triadica sebifera* (Linnaeus) Small 大戟科 Euphorbiaceae

识别要点 落叶乔木；高达15m。具乳状汁液。树皮暗灰色，纵裂纹。叶互生，纸质，全缘；侧脉离缘2~5mm弯拱网结；叶柄顶端具2个腺体。花单性，雌雄同株，总状花序顶生，苞片基部具2个肾形腺体；雄花苞片阔卵形，每苞片内具10~15朵花；小苞片3枚，边缘撕裂状；花萼杯状，3浅裂，雄蕊2枚，罕有3枚，伸出花萼外。雌花苞片深3裂，每苞片内仅1朵雌花，间有1朵雌花和数朵雄花同聚生于苞腋内；花萼3深裂；子房卵球形，3室，花柱3个，基部合生，柱头外卷。蒴果梨状球形；种子3颗，分果爿脱落后而中轴宿存。种子扁球形，黑色，外被白色、蜡质假种皮。花期5~7月，果期7~11月。

产地分布 分布于甘肃、四川、湖北、贵州、云南、广西等地。南昌市内广布。

价值评述 木材白色，坚硬，纹理细致，可作细木工用材；根皮、树皮或叶入药，具利水消肿、解毒杀虫等功效；叶为黑色染料；种子白色蜡质层（假种皮）溶解后可制肥皂、蜡烛，种子油适于作涂料。秋季叶色鲜红，具有较高的观赏价值。

乌苏里狐尾藻 *Myriophyllum ussuriense* (Regel) Maximowicz　小二仙草科Haloragaceae

识别要点　多年生沉水或挺水草本。根状茎发达，节上多生须根，茎圆柱形，常不分枝。水中茎中下部具3～4枚轮生叶，广披针形，长5～10mm，羽状分裂，裂片短，对生，线形，全缘；茎上部水面仅具1～2枚叶，极小，细线状，不分裂。花单生于腋叶，雌雄异株，无花梗；苞片较花短，全缘；雄花萼钟状，花瓣4片，狭倒卵形，长2.5mm，雄蕊8或6枚，花药长1.5mm；雌花萼壶状，子房下位，4室，四棱形，柱头4裂。果圆卵形，有4条浅沟，表面具细疣，心皮之间的沟槽明显。花期5～6月，果期6～8月。

产地分布　分布于黑龙江、吉林、河北、安徽、江苏、浙江、台湾、广东、广西等地。南昌市产于南昌县。

价值评述　茎叶脆嫩，可作优良的饲料，全株还可作绿肥。叶片秀美，具有较高的观赏价值。国家二级重点保护野生植物；列入《中国生物多样性红色名录——高等植物卷（2020）》易危（VU）种。其分布于小池塘或沼泽地水中，应予以生境保护。

五节芒 *Miscanthus floridulus* (Lab.) Warb. ex Schum et Laut.　　　　　　禾本科 Poaceae

识别要点　多年生草本；秆高达4m。节下具白粉，叶鞘无毛，鞘节具微毛。叶舌顶端具纤毛；叶片披针状线形，中脉粗壮隆起，边缘粗糙。圆锥花序大型，具极多分枝，其主轴延伸达花序的2/3以上，长于其总状花序分枝；分枝细弱，具多数小穗，小穗成对生于各节，均结实且同形，长3～3.5mm，一穗柄长且外弯，一穗柄短；基盘的毛稍长于小穗；第一颖两侧有脊，背部无毛；第二颖等长于第一颖，具3脉，中脉呈脊，边缘具短纤毛；第一外稃稍短于颖，边缘具纤毛；第二外稃无毛或下部边缘具少数短纤毛，芒长7～10mm，伸直或下部稍扭曲；内稃微小；雄蕊3枚；柱头紫黑色，自小穗两侧伸出。花、果期5～10月。

产地分布　分布于江苏、浙江、福建、台湾、广东、海南、广西等地。南昌市各县区广布。

价值评述　根状茎入药，具清热通淋、祛风利湿等功效；幼叶可作饲料，秆可作造纸原料。

雾水葛 *Pouzolzia zeylanica* (L.) Benn.　　　　　荨麻科 Urticaceae

识别要点　多年生草本。茎直立或渐升，常基部或下部有1~3对对生的长分枝，被伏毛或兼有柔毛。叶对生，草质，卵形或宽卵形，长1.2~3.8cm，宽0.8~2.6cm；短分枝的叶小，长5mm，先端短渐尖，基部圆，全缘，两面疏被伏毛，侧脉1对；叶柄长0.3~1.6cm。团伞花序；苞片三角形；雄花4基数，花被片狭长圆形或长圆状倒披针形，长1.5mm，基部稍合生；雌花花被椭圆形或近菱形，长0.8mm，顶端具2小齿，密被柔毛，果期呈菱形状卵形。瘦果卵球形，长1.2mm，淡黄白色，上部褐色或全部黑色，有光泽。花、果期8~11月。

产地分布　分布于广西、广东、福建、江西、湖北、湖南、四川、云南、浙江、安徽、甘肃等地。南昌市各县区广布。

价值评述　全草入药，具清热解毒、消肿排脓、利水通淋等功效。

习见萹蓄 *Polygonum plebeium* R. Br.　　　　　蓼科 Polygonaceae

识别要点　一年生草本。茎平卧，基部分枝，具纵棱，沿棱具小凸起，小枝节间较叶片短。叶窄椭圆形或倒披针形，长0.5~1.5cm，宽2~4mm，基部窄楔形，无毛，侧脉不明显；叶柄极短；托叶鞘膜质，透明，顶端撕裂。花3~6簇生于叶腋，遍布于全植株；苞片膜质；花梗中部具关节，比苞片短；花被5深裂，绿色，长椭圆形，背部稍隆起，边缘白色或淡红色；雄蕊5枚，花丝基部稍宽；花柱2或3个，极短，柱头头状。瘦果宽卵形，具3棱或双凸镜状，光泽平滑长1.5~2mm，黑褐色，包于宿存花被内。花期5~8月，果期6~9月。

产地分布　除西藏外，分布于全国各地。南昌市产于安义、新建、东湖、南昌、进贤等县区。

价值评述　全草入药，具利水通淋、化浊杀虫等功效。

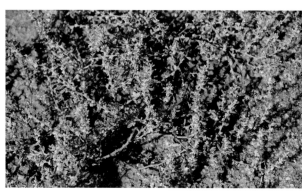
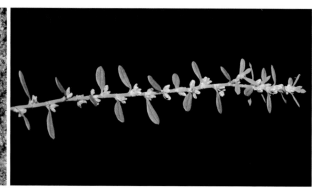

细梗香草 *Lysimachia capillipes* Hemsl.

报春花科 Primulaceae

识别要点 多年生草本；高达60cm。茎2至多条簇生，草质，具棱，棱边有时呈狭翅状。叶互生，卵形至卵状披针形，两侧常稍不等称，全缘或微皱波状，无毛或上面疏被小刚毛，侧脉在下隆起；叶柄长2～8mm。花单生叶腋；花梗纤细丝状，长1.5～3.5cm；花萼长2～4mm，深裂近达基部，裂片卵形或披针形，先端渐尖；花冠黄色，深裂近达基部，裂片窄长圆形或线形，先端钝；花丝基部合生成高约0.5mm的环；花药基着，顶孔开裂；花柱丝状，稍长于雄蕊。蒴果近球形，径3～4mm，瓣裂，比宿存花萼长。花期6～7月，果期8～10月。

产地分布 分布于贵州、四川、湖北、河南、湖南、江西、广东、福建、浙江、台湾等地。南昌市产于安义、新建、南昌、进贤等县区。

价值评述 全草入药，具祛风除湿、止咳、调经、行气止痛等功效；干后有浓香，是一种天然香料植物。

细果野菱 *Trapa incisa* Sieb. et Zucc.

识别要点 一年生浮叶草本。根、叶二型。着泥根，细铁丝状；同化根，羽状细裂丝状。浮水叶互生，在水面成莲座状菱盘，叶片三角状菱圆形，基部宽楔形，上面深亮绿色，下面绿色带紫，脉间有棕色斑块叶缘仅中上部有缺刻状齿；沉水叶小，早落。花单生叶腋；花柄疏被淡褐色短毛；萼筒4裂；花瓣4片，白色；花盘全缘；雄蕊4枚；子房半下位，子房基部膨大，2室，每室具1枚倒生胚珠。坚果三角形，高1～2cm，表面平滑，具4刺角，2肩角刺斜上举，2腰角细短，斜下伸，细锥状；果喙细圆锥形成尖头帽状，无果冠。花期5～10月，果期7～11月。

产地分布 分布于河南、江苏、安徽、湖北、湖南、江西、四川、云南等地。南昌市产于安义、新建等县区。

价值评述 全草入药，具补脾健胃、消炎解毒、清暑解热等功效；果含淀粉，可供食用。国家二级重点保护野生植物。南昌市内罕见，需加强保护。

狭果秤锤树 *Sinojackia rehderiana* Hu

识别要点 落叶乔木或灌木；高达5m。嫩枝、嫩叶、老叶叶脉、花均被星状短毛。叶纸质，倒卵状椭圆形或椭圆形，长5～9cm，宽3～4cm，基部楔形，具硬质锯齿，生于花枝基部的叶卵形而小，长2～3.5cm，宽1.5～2cm，基部圆或稍心形，侧脉5～7对，网脉明显下凹。总状聚伞花序顶生于侧枝，有4～6朵花；花白色；花梗纤细而弯垂；花萼倒圆锥形，长5mm，顶端5～6齿；花冠5～6裂，裂片卵状椭圆形；花柱线形，柱头不明显3裂。果椭圆状圆柱形，具长渐尖的喙，连喙长2～2.5cm，宽1～1.2cm，皮孔浅棕色外果皮肉质，中果皮木栓质，内果皮木质。花期4～5月，果期7～9月。

产地分布 分布于江西、湖南、广东等地。南昌市产于安义县。

价值评述 果形奇特、花繁洁白，极具观赏价值。国家二级重点保护野生植物；列入《世界自然保护联盟红色名录》濒危（EN）种。

下江委陵菜 *Potentilla limprichtii* J. Krause 蔷薇科 Rosaceae

识别要点 多年生草本。基生叶为羽状复叶，有4～8对小叶，托叶膜质，淡褐色，叶柄被疏柔毛及少数白色绵毛，常脱落几无毛，小叶对生稀互生，纸质，卵形至长圆倒卵形，长1～2.5cm，上部有4～7枚齿牙状裂片或锯齿，基部楔形、宽楔形，最下部小叶有2～3枚牙齿状裂片，两面绿色，上面贴生疏柔毛或脱落近无毛，下面被灰白色绵毛及疏柔毛；茎生叶为掌状三小叶，托叶纸质，绿色。花茎纤细，基部弯曲上升，稀铺散，高达30cm，被疏柔毛及稀疏绵毛，下部常脱落近无毛；花瓣黄色，比萼片长；花柱近顶生，头状。瘦果光滑。花、果期10月。

产地分布 分布于四川、湖北、江西、广东等地。南昌市产于新建区。

价值评述 全草入药，具清热解毒、健脾补肾、止血等功效。花色艳丽，成片时具有较高景观价值。

小叶珍珠菜 *Lysimachia parvifolia* Franch. ex Hemsl.

报春花科 Primulaceae

识别要点　多年生草本。茎簇生，柔弱，近直立或下部倾斜，基部发出匍匐枝。叶互生，近无柄，狭椭圆形至匙形，长1～4cm，宽5～10mm，顶端圆钝，基部楔形，两面均散生腺点。花5基数，总状花序顶生，初时密集，后渐疏松；苞片钻形，长约5mm；最下方的花梗长达1.5cm，向顶端渐次缩短；花萼裂片披针形，边缘膜质，背部有黑色腺点；花冠白色，狭钟形，5裂至中部，裂片椭圆形；雄蕊短于花冠，花丝分离，贴生于花冠筒中下部；花柱自花蕾中伸出。蒴果球形。花期4～6月，果期7～9月。

产地分布　分布于云南、四川、贵州、湖北、湖南、广东、江西、安徽、浙江、福建等地。南昌市产于新建、红谷滩等县区。

价值评述　全草可入药，具活血、调经等功效。

荇菜 *Nymphoides peltata* (S. G. Gmelin) Kuntze

睡菜科 Menyanthaceae

识别要点　多年生浮水草本。茎圆柱形，多分枝，密生褐色斑点。上部叶对生，下部叶互生，叶片漂浮，近革质，圆形或卵圆形，基部心形，全缘，有不明显的掌状叶脉，下面紫褐色，密生腺体。花常多数，簇生节上，5数；花萼分裂近基部，裂片椭圆形或椭圆状披针形，全缘；花冠金黄色，冠筒短，喉部具5束长柔毛，裂片宽倒卵形，先端圆形或凹陷，边缘宽膜质，近透明，具裂齿；雄蕊着生于萼筒，花丝基部疏被长毛。蒴果无柄，椭圆形。种子大，褐色，椭圆形，边缘密生睫毛。花、果期4～10月。

产地分布　分布于辽宁、吉林、黑龙江、内蒙古、江苏、浙江、安徽、福建、江西、湖南、湖北、云南、四川等地。南昌市产于新建、南昌、进贤等县区。

价值评述　全草可入药，具利尿通淋、清热解毒等功效。株形小巧，可作水生观赏植物；对藻类生长有较好的抑制作用，适宜营造湿地景观。

旋鳞莎草 *Cyperus michelianus* (L.) Link　　　莎草科 Cyperaceae

识别要点　一年生草本。秆丛生，扁三棱状，平滑。叶宽 1～2.5mm；基部叶鞘紫红色。苞片叶状，3～6枚，较花序长很多；长侧枝聚伞花序呈密头状，卵形或球形，具多数密集的小穗；小穗卵状披针形，长 3～4mm，宽约 1.5mm，有 10～20 朵花；鳞片螺旋状排列，膜质，矩圆状披针形，长约 2mm，淡黄色，具 3～5 脉，中脉呈龙骨突，绿色，延伸出先端呈短尖；雄蕊 2 枚，

少有 1 枚；花柱长，柱头 2 个，少有 3 个，有黄色疣状突起。小坚果狭矩圆形，有 3 棱，长为鳞片的 1/3～1/2。花、果期 6～9 月。

产地分布　分布于黑龙江、河北、河南、江苏、浙江、安徽、广东等地。南昌市产于安义、新建、南昌、进贤等县区。

价值评述　全草入药，具行气活血、调经等功效。

野扁豆 *Dunbaria villosa* (Thunb.) Makino

识别要点 多年生草质藤本，具锈色腺点。茎细弱，缠绕，密被短柔毛。羽状三小叶，薄纸质，顶生小叶较大，长1.5～4cm，菱形或近三角形，侧生小叶偏斜，先端渐尖或突尖，基部圆，疏被毛；托叶细小，常早落。总状花序或复总状花序腋生，长可达6cm，有2～7朵花；花长约2cm；花萼钟状，具短柔毛和锈色腺点，4齿裂，裂片不等长；花冠黄色，旗瓣近圆形或横椭圆形，翼瓣、龙骨瓣镰状；子房密生短柔毛和锈色腺点，基部有杯状腺体。荚果条形，长3～5cm，扁平稍弯，果无果颈或具极短果颈。种子6～7颗，黑色。花期7～9月，果期9～11月。

产地分布 分布于江苏、浙江、安徽、江西、湖北、湖南、广西、贵州等地。南昌市产于安义、南昌等县区。

价值评述 全草或种子入药，具清热解毒、消肿止痛等功效。

野大豆 *Glycine soja* Siebold & Zucc.

识别要点 一年生草质藤本，全株被毛。茎纤细，缠绕，疏被褐色长硬毛。羽状三小叶，顶生小叶卵状披针形，长3.5～6cm，宽1～2.5cm，先端急尖，基部圆形，两面生白色短柔毛，侧生小叶斜卵状披针形；托叶卵状披针形，急尖，有黄色柔毛。总状花序腋生；花梗密生黄色长硬毛；花萼钟状，密生长毛，裂片5枚，三角状披针形；花冠淡紫红色或白色，旗瓣近圆形，基部具短瓣柄，翼瓣斜倒卵形，龙骨瓣最小。荚果长圆形，长1.7～2.3cm，密生黄色长硬毛。种子间稍缢缩。花期7～8月，果期8～10月。

产地分布 分布于辽宁、吉林、黑龙江、内蒙古、甘肃、陕西、山东、江苏、浙江、安徽、湖南、湖北、河南、江西、广西、广东、贵州、重庆等地。南昌市各县区广布。

价值评述 大豆作物的重要野生种质来源；全草可入药，具补益肝肾、祛风解毒、清热敛汗等功效。国家二级重点保护野生植物。南昌市内常见，但需要做好种质保护。

异型莎草 *Cyperus difformis* L.

识别要点 一年生草本。秆丛生，扁三棱状，平滑，下部叶较多。叶短于秆，宽2～6mm，平展或折合，上端边缘稍粗糙；叶鞘褐色，叶状苞片2～3枚，长于花序。长侧枝聚伞花序简单，稀复出，辐射枝3～9条；小穗多数，密聚辐射枝顶成球形头状花序，披针形或条形，长2～8mm，具8～28朵花；小穗轴无翅；鳞片稍松排列，近扁圆形，先端圆，中间淡黄色，两侧深紫红色或栗色，边缘透明，3脉不明显；雄蕊1～2枚；花柱极短，柱头3个。小坚果倒卵状椭圆形，三棱状，与鳞片近等长，淡黄色。花、果期7～10月。

产地分布 分布于辽宁、吉林、黑龙江、河北、山西、陕西、甘肃、云南、四川、湖南、湖北、浙江、江苏、安徽、福建、广东、广西、海南等地。南昌市产于安义、新建、青山湖、南昌、进贤等县区。

价值评述 全草入药，具行气活血、利尿通淋等功效。

翼果薹草 *Carex neurocarpa* Maxim.

识别要点 多年生草本。根状茎丛生；全株密生锈色点线，扁钝三棱形，基部具褐色叶鞘；叶宽2~3mm。穗状花序呈尖塔状圆柱形，长3~8cm；小穗多数，紧密，卵形，雄雌顺序，长5~7mm；下部苞片叶状，上部的刚毛状；雌、雄花鳞片均淡锈黄色，密生锈色点线，雌花鳞片顶端具芒尖。果囊卵状椭圆形，长于鳞片，长2.5~4mm，膜质，褐棕色，两面有多数细脉，基部圆，内具海绵状组织，中部以上边缘具宽翅，翅缘有啮蚀状齿，顶端急缩成喙，喙口具2齿。小坚果卵形或椭圆形，平凸状，平滑，顶端具尖。花、果期6~8月。

产地分布 分布于黑龙江、吉林、辽宁、内蒙古、河北、山西、陕西、甘肃、山东、江苏、安徽、河南等地。南昌市产于新建区。

价值评述 耐水湿，适应性强，具水土保持功能。

翼茎水龙 *Ludwigia decurrens* Walter 柳叶菜科Onagraceae

识别要点 一年生挺水草本。具白色海绵状根。茎具纵棱，多分枝。叶全缘，互生，披针形或长狭卵形，长3.5～14cm，先端锐尖，基部渐尖，楔形或钝形，叶柄长5mm，或近无柄，叶边缘向下延伸至茎上，成翅状；脉两面凸起，近边缘处环结；托叶2枚。单花腋生，花梗长5～8mm；萼片4枚，狭三角形或披针形，具1条纵脉，边缘具短刺毛；花瓣4片，黄色；雄蕊8枚；柱头长球形，顶端微凹；花盘平展；子房四棱形，4室，胚珠多数。蒴果成熟时方柱形，具4棱或翅，长1.2～2cm，部分果实基部弯曲；果实呈不规则开裂或不裂。花期8～11月，果期9～12月。

产地分布 分布于台湾、江西等地。南昌市产于南昌、进贤等县区。

价值评述 稻田中最常见最令人头疼的杂草之一，有化感作用，种子浸出物抑制其他种子萌发，导致水稻减产。应重视其在南昌市内的分布，提早做好防控和清除措施。

虉草 *Phalaris arundinacea* L.　　　　　　　　　**禾本科Poaceae**

识别要点　多年生草本，有根茎。秆单生或少数丛生，6～8节。叶鞘下部者长于节间，上部者短于节间，叶舌薄膜质，长2～3mm；叶片扁平，幼时粗糙，长6～30cm，宽1～1.8cm。圆锥花序紧密狭窄，长8～15cm；分枝直，上举，密生小穗；小穗长4～5mm，无毛或疏被毛；颖草质，沿脊上粗糙，上部具极窄的翼；可孕小花外稃宽披针形，上部被柔毛；内稃舟形，背具1脊，脊两侧疏被柔毛；不孕小花外稃2枚，退化为线形，被柔毛。花、果期6～8月。

产地分布　分布于黑龙江、吉林、辽宁、内蒙古、甘肃、新疆、陕西、山西、河北、山东、江苏、浙江、江西、湖南、四川等地。南昌市内广布。

价值评述　全草入药，具燥湿止带功效；草嫩肥美，可作优良的饲用植物，其秆供编织或作造纸原料。

疣果飘拂草 *Fimbristylis dipsacea* var. *verrucifera* (Maxim.) T. Koyama 莎草科Cyperaceae

识别要点 一年生或多年生草本。秆密丛生，细，光滑，秆下部的鞘具叶片。叶较秆短，毛发状，柔软，内卷或近平展；鞘锈褐色，无毛，薄膜质，鞘口斜裂；苞片3～10枚，最下部1～2枚有时稍高于花序。长侧枝聚伞花序简单或近复出，有少数至多数小穗，辐射枝3～10条不等长，张开；小穗单生，稀2个簇生，长圆形或圆卵形，长3～6mm，宽2～2.5mm，花多数；鳞片长圆形或长圆状卵形，薄膜质，淡白或淡黄色，具直的

短尖，龙骨状突起绿色；雄蕊1枚，花药披针形，顶端具短尖；花柱基膨大，柱头2个，全部脱落。小坚果窄长圆形，圆筒状，具光泽，两边具4～6个白色球形凸起。花、果期8～11月。

产地分布 分布于浙江、黑龙江等地。南昌市产于新建、南昌、进贤等县区。

价值评述 具清热利尿、解毒等功效。良好的水土保持植物；植株形态较为独特，秆茂密丛生，具有一定的观赏价值。

紫萼蝴蝶草 *Torenia violacea* (Azaola) Pennell 母草科Linderniaceae

识别要点 一年生直立草本；高达35cm。叶卵形或长卵形，先端渐尖，基部楔形或多少截形，边缘具稍带短尖的锯齿，两面疏被柔毛；叶柄长0.5～2cm。伞形花序顶生，或单花腋生，稀总状排列；花梗长约1.5cm，果期达3cm；花萼长圆状纺锤形，具5翅，翅宽达2.5mm，稍带紫红色，基部圆，先端裂成5小齿；花冠淡黄色或白色，超出萼齿部分仅2～7mm，上唇多少直立，下唇3裂片近

相等，各有1枚蓝紫色斑块，中裂片中央有1枚黄色斑块；花丝不具附属物。花、果期为8～11月。

产地分布 分布于我国华东、华南、西南、华中地区及台湾等地。南昌市产于安义、新建、进贤等县区。

价值评述 全草入药，具清热解毒、利湿止咳、消食化积、清肝明目等功效。植株形态独特，花朵小巧可爱，花色鲜艳，具有一定的观赏价值。

紫苏草 *Limnophila aromatica* (Lam.) Merr.   车前科 Plantaginaceae

识别要点 一年生或多年生草本；高达70cm。茎直立或分枝繁多，通常无毛或具腺体，基部倾斜且在节上生根。叶无柄，对生或3枚轮生，卵状披针形至披针状椭圆形，或披针形，长10～50mm，具细锯齿，基部多少抱茎，具羽状脉。花具梗，排列成顶生或腋生的总状花序，或单生叶腋；花梗无毛或被腺；小苞片条形至条状披针形；萼无毛至被腺，在果实成熟时具凸起的条纹；花冠白色，蓝紫色或粉红色，外表面疏被细腺，内表面被白色柔毛；花柱顶端扩大，具2个极短片状柱头。蒴果卵珠形。花、果期3～9月。

产地分布 分布于广东、福建、台湾、江西等地。南昌产于安义、红谷滩、进贤、南昌、新建等县区。

价值评述 茎部入药，具理气、舒郁、止痛、安胎等功效；叶片具特殊香气，常用于烹饪鱼类和肉类菜肴，起到增香去腥的作用。

中文名索引^①

① 按中文音序排列，别名的页码字体加粗。

学名索引